元　素　と　周　期　表　が　7　時　間　で　わ　か　る　本

化学元素周期表

日本 PHP 研究所 | 编

李卉 | 译

U0378929

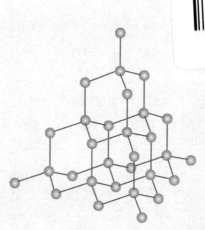

北京时代华文书局

元素周期表

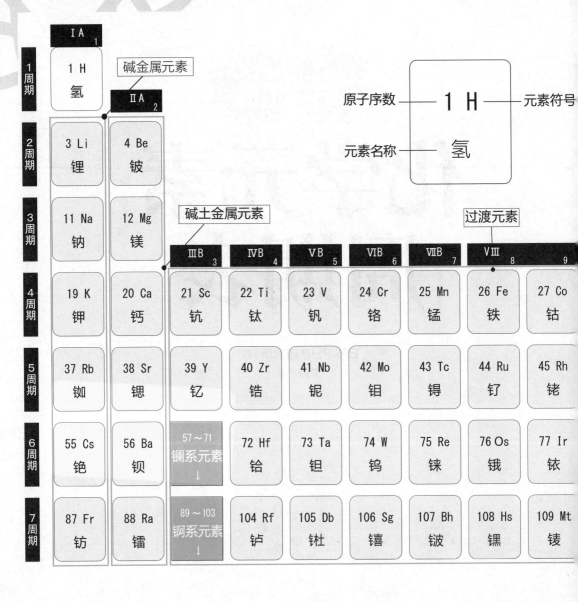

	I A		碱金属元素							
1周期	1 H 氢									
		II A								
2周期	3 Li 锂	4 Be 铍								
3周期	11 Na 钠	12 Mg 镁	碱土金属元素					过渡元素		

原子序数 —— 1 H —— **元素符号**

元素名称 —— 氢

	IIIB	IVB	VB	VIB	VIIB	VIII	
4周期	21 Sc 钪	22 Ti 钛	23 V 钒	24 Cr 铬	25 Mn 锰	26 Fe 铁	27 Co 钴
5周期	39 Y 钇	40 Zr 锆	41 Nb 铌	42 Mo 钼	43 Tc 锝	44 Ru 钌	45 Rh 铑
6周期	57～71 镧系元素 ↓	72 Hf 铪	73 Ta 钽	74 W 钨	75 Re 铼	76 Os 锇	77 Ir 铱
7周期	89～103 锕系元素 ↓	104 Rf 𬬻	105 Db 𬭊	106 Sg 𬭳	107 Bh 𬭛	108 Hs 𬭶	109 Mt 鿏

4周期：19 K 钾、20 Ca 钙
5周期：37 Rb 铷、38 Sr 锶
6周期：55 Cs 铯、56 Ba 钡
7周期：87 Fr 钫、88 Ra 镭

元素周期表ⅢB族的第6周期与第7周期，各存在一组性质相似的元素，即镧系元素和锕系元素（各15种）。

57～71 镧系 →	57 La 镧	58 Ce 铈	59 Pr 镨	60 Nd 钕	61 Pm 钷	62 Sm 钐
89～103 锕系 →	89 Ac 锕	90 Th 钍	91 Pa 镤	92 U 铀	93 Np 镎	94 Pu 钚

元素周期表是根据元素周期律排列元素的表。元素周期律是指"元素的性质随着元素的原子序数的递增呈周期性变化的规律"。1869年，俄国化学家门捷列夫（Mendeleyev）根据这一规律制作了第一代元素周期表。此后，随着人们不断发现新元素，元素周期表不断得到更新，目前表中共有118种元素。

								稀有气体	O 18
			硼族元素	碳族元素	氮族元素	氧族元素	卤族元素		2 He 氦
金属元素			ⅢA 13	ⅣA 14	ⅤA 15	ⅥA 16	ⅦA 17		
非金属元素			5 B 硼	6 C 碳	7 N 氮	8 O 氧	9 F 氟		10 Ne 氖
其他			13 Al 铝	14 Si 硅	15 P 磷	16 S 硫	17 Cl 氯		18 Ar 氩
	ⅠB 11	ⅡB 12							
28 Ni 镍	29 Cu 铜	30 Zn 锌	31 Ga 镓	32 Ge 锗	33 As 砷	34 Se 硒	35 Br 溴		36 Kr 氪
46 Pd 钯	47 Ag 银	48 Cd 镉	49 In 铟	50 Sn 锡	51 Sb 锑	52 Te 碲	53 I 碘		54 Xe 氙
78 Pt 铂	79 Au 金	80 Hg 汞	81 Tl 铊	82 Pb 铅	83 Bi 铋	84 Po 钋	85 At 砹		86 Rn 氡
110 Ds 镃	111 Rg 铹	112 Cn 鿔	113 Nh 鿭	114 Fl 铁	115 Mc 镆	116 Lv 鉝	117 Ts 鿬		118 Og 鿫

63 Eu 铕	64 Gd 钆	65 Tb 铽	66 Dy 镝	67 Ho 钬	68 Er 铒	69 Tm 铥	70 Yb 镱	71 Lu 镥
95 Am 镅	96 Cm 锔	97 Bk 锫	98 Cf 锎	99 Es 锿	100 Fm 镄	101 Md 钔	102 No 锘	103 Lr 铹

前　言

　　我们经常能看到"元素"这个词。但是，对于"元素是什么？""怎样才能看懂元素周期表呢？"这样的问题，能说清楚的人并不多。

　　"在初中和高中时学过，但已经不记得了。""虽然学习过，但一直没弄明白。"想必有这种体会的人很多吧。

　　本书讲解了化学元素的基础知识和有关元素周期表的阅读方法，以及118种元素的主要知识和最新知识，可以算作一本元素图鉴。另外，本书还讲解了一些初中和高中化学课上会学到的有关原子和分子的知识。

　　我们很容易对"元素"一词抱有一种"很难理解"的先入之见。实际上，化学元素本身就是构成所有物质的基本单位，非常简单。请各位读者放松心情阅读本书，一定可以学到奥妙有趣的化学元素知识。

本书特点

❀ 可以学到关于化学元素的基础知识和元素周期表的阅读方法。

❀ 通过学习原子的基础知识，可以更好地理解化学元素。

❀ 通过阅读元素图鉴，可以了解118种元素的主要知识和最新知识。

目录

113　Nh 鉨 / 220　　114　Fl 铁 / 222

115　Mc 镆 / 223　　116　Lv 铊 / 224

117　Ts 础 / 225　　118　Og 氮 / 226

第 1 章

元素与元素周期表
基础知识

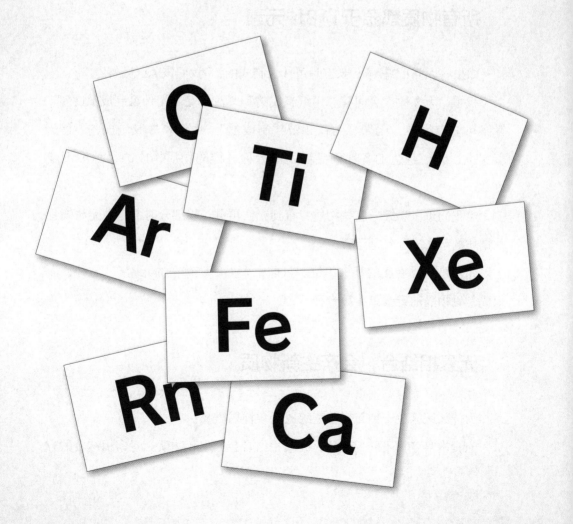

所有物质都是由元素组成的

所有物质都源于118种元素

如果有人问："书籍、杂志是用什么制成的？"我们该怎么回答？

我想，大多数人会回答"用纸制成的"。"汽车又是用什么制成的呢？"答案可能有很多，比如"用铁和塑料制成的""用铝和橡胶制成的"等。事实上，我们身边的各种物品都是由各种各样的物质构成的，种类不胜枚举。

当我们进一步细分这些物质，直到无法再进一步细分时，这种无法细分的物质的基本成分就是元素。

元素是组成物质的基本单位。目前，人类确认存在的元素有118种，而组成常见物品的元素只有数十种。

元素相结合，会产生新物质

为什么区区数十种元素就能组成无数种物质呢？

元素本身各具不同的性质，元素相结合会产生新物质。元素相结合的方

书籍、杂志成分溯源

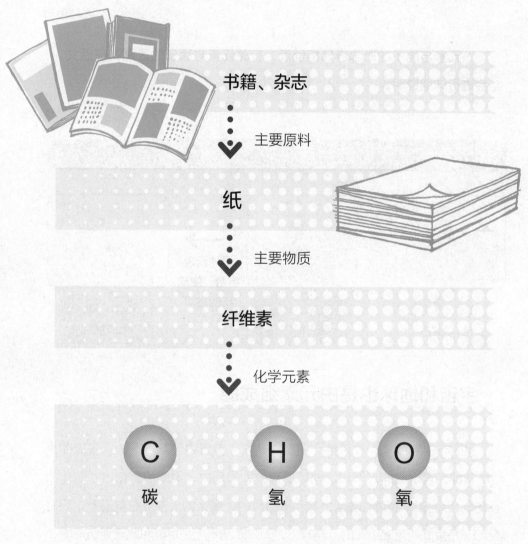

书籍、杂志

主要原料

纸

主要物质

纤维素

化学元素

C 碳　H 氢　O 氧

▲对我们身边常见的物品所用原料的成分进行溯源，最终都会细分到元素。

式有无数种，因此就有产生无数种新物质的可能性。这就是区区数十种元素能够组成无数物质的原因。

元素与原子的概念容易相混淆，有关元素与原子的区别，在后文会进行详细说明。

氢元素和氧元素结合后……

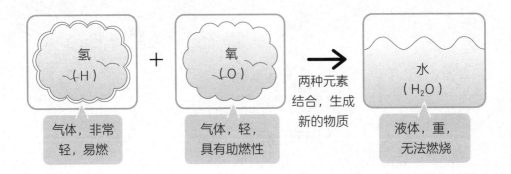

氢
（H）

＋

氧
（O）

两种元素
结合，生成
新的物质

→

水
（H₂O）

气体，非常
轻，易燃

气体，轻，
具有助燃性

液体，重，
无法燃烧

宇宙和地球也是由元素组成的

我们将视野放宽，放眼整个宇宙。其实，宇宙中"悬浮"的众多天体也是由各种元素组成的。例如，地球所在的太阳系中，太阳的质量占了总体的99.9%。而太阳本身的75%是由氢元素组成的，剩余的大部分是氦元素，只有不到1%是由其他元素组成的。换言之，太阳系基本上是由氢和氦元素组成的。

那么，我们人类所居住的地球又是由什么元素组成的呢？我们看一下组成地壳、海水、大气的元素的比例。

组成地球的主要元素

地壳（质量比）

- ●氧（O）·················· 47.4%
- ●硅（Si）·················· 27.7%
- ●铝（Al）··················· 8.2%
- ●铁（Fe）··················· 4.1%
- ●钙（Ca）··················· 4.1%
- ●镁（Mg）·················· 2.3%
- ●钠（Na）·················· 2.3%
- ●钾（K）···················· 2.1%
- ●其他·········· 1.8%

海水（质量比）

- ●氧（O）·················· 85.76%
- ●氢（H）·················· 10.80%
- ●氯（Cl）··················· 1.95%
- ●钠（Na）··················· 1.08%
- ●镁（Mg）·················· 0.13%
- ●硫（S）···················· 0.09%
- ●钙（Ca）·················· 0.04%
- ●钾（K）···················· 0.04%
- ●其他·········· 0.11%

大气对流层（体积比）

- ●氮气（N_2）··········· 78.08%
- ●氧气（O_2）··········· 20.95%
- ●氩气（Ar）················· 0.93%
- ●碳*（C）··············· 0.036%

* 以二氧化碳（CO_2）的形式存在。

- ●氖气（Ne）··········· 0.002%
- ●氦气（He）··········· 0.001%
- ●其他·············· 不到0.001%

以上数据[1]为大致情况，由于调查方法和环境不同可能存在差异。

---

[1] 本书此处给出的有关元素的"质量比""体积比"及后文给出的"原子量""密度""形态""熔点""沸点"等各种数据，系依日文原书实录。这些数据与国内权威资料，如《化学大辞典》等给出的数据存在一定的出入，读者如若引用上述数据，请查阅国内权威资料进行核实。——编者注

地球

人体的99%以上是由6种元素组成的

人体是由皮肤、骨骼、各种脏器等器官组成，而构成这些器官的数万亿个细胞则是由蛋白质、脂肪、糖类等构成。组成蛋白质、脂肪、糖类等的元素被称为人体必需元素，包括氧、碳、氢、氮、钙、磷6种元素，人体的99%以上是由这6种元素组成的。

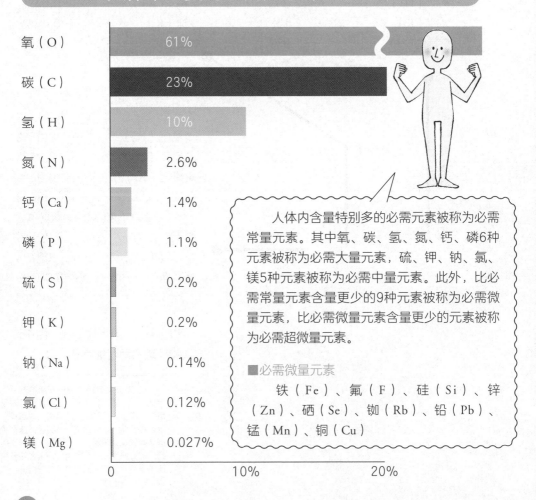

人体中主要的必需元素（重量比）

元素	百分比
氧（O）	61%
碳（C）	23%
氢（H）	10%
氮（N）	2.6%
钙（Ca）	1.4%
磷（P）	1.1%
硫（S）	0.2%
钾（K）	0.2%
钠（Na）	0.14%
氯（Cl）	0.12%
镁（Mg）	0.027%

人体内含量特别多的必需元素被称为必需常量元素。其中氧、碳、氢、氮、钙、磷6种元素被称为必需大量元素，硫、钾、钠、氯、镁5种元素被称为必需中量元素。此外，比必需常量元素含量更少的9种元素被称为必需微量元素，比必需微量元素含量更少的元素被称为必需超微量元素。

■必需微量元素
铁（Fe）、氟（F）、硅（Si）、锌（Zn）、硒（Se）、铷（Rb）、铅（Pb）、锰（Mn）、铜（Cu）

身边常见的物品中所含的元素

查一下我们身边常见的各种物品的元素构成就会发现，很多原本不相关的物品竟然含有相同的元素。接下来，我们看看一些身边常见的元素。

常见的物品中含有相同的元素

笔记本电脑

●主要元素●
镁（Mg）

镁和铝构成的镁合金重量轻且坚实耐用，被广泛用于制作笔记本电脑的机身等。而制作卤水豆腐时，氯化镁被用作凝固剂。

卤水豆腐

钻石

●主要元素●
碳（C）

钻石是充满人气的宝石，但它和用作燃料的木炭所含的主要成分都是碳元素。由同样的单一化学元素组成却具有不同性质的单质被称为同素异形体。

木炭

●主要元素●
钴（Co）

钴合金耐高温、耐腐蚀，常被用于制作喷气式飞机架构等。氯化钴接触水会变为红色，常被添加于硅胶干燥剂中。

喷气式飞机

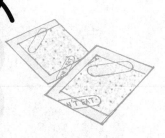

硅胶

●主要元素●
氟（F）

包含氟元素的氟树脂可用作防止食物粘锅的平底锅涂层剂。许多牙膏中都会添加氟化物，因为氟化物中的氟元素有帮助稳固牙齿的作用。

平底锅

牙膏

② 元素的发现和元素周期表的发明

门捷列夫发明了元素周期表

　　针对"物质是由什么构成的"这一问题，自古代文明时期开始就有无数人思考过。许多哲学家和化学家提出了各种假说，遗憾的是，这些假说逐渐湮灭在历史的长河之中。

　　18世纪以后，科学技术飞速发展，人们发现了许多元素，积累了很多研究经验和科学发现成果。1869年，俄国化学家门捷列夫发明了世界上第一张元素周期表。按照元素性质的周期性将元素排列成周期表的方法，对后来的元素和原子研究产生了巨大影响。

元素周期表出现以前

❶ 中国（公元前数千年）

　　提出五行理论，认为所有物质均由金、木、水、火、土五种物质形态相生相克而来。

❷ 古印度（公元前数百年）

　　许多哲学家提出了各种元素学说。佛教密宗认为，万物的根源来自地、水、火、风、空、识六大本体。

❸ 泰勒斯（Thales，约前624年—约前547，古希腊）

认为"水是万物之本原"，这一思想被认为是触发现代以来与化学元素的设想有关的古老思想之一。

❹ 赫拉克利特（Heraclitus，约前540年—约前480年与前470年之间，古希腊）

认为"火是万物之本原"。

❺ 恩培多克勒（Empedocles，约前495—约前435，古希腊）

提出"四元素说"，认为火、水、土、气是万物之本原。

❻ 德谟克里特（Democritus，约前460年—约前370年，古希腊）

最早的原子论者，指出将物质进行细分最终会成为无法继续细分的粒子，即原子（无法细分的物质）。

7 亚里士多德（Aristotle，前384年—前322年，古希腊）

否定原子论，推崇"四元素说"。在四元素的基础上增加了"热、冷"和"干、湿"4种分别两相对立的属性，认为物质是由这8种元素组成的。

8 阿拉伯世界（8世纪左右）

开始流行尝试通过身边常见的普通金属来提炼贵金属（主要是黄金）的炼金术。中世纪时，炼金术流传至欧洲。

9 罗伯特·波义耳（Robert Boyle，1627—1691，英国）

近代化学的奠基人。虽然其研究基础为炼金术，但通过不断实验确定了物质的基本构成要素为元素。

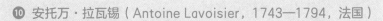

10 安托万·拉瓦锡（Antoine Lavoisier，1743—1794，法国）

否定四大元素说，发现水是由氢和氧两种元素组成的，同时整理了33种元素的相关知识并出版，构筑了现代原子论的基础。

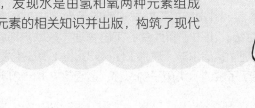

⑪ 约翰·道尔顿（John Dalton，1766—1844，英国）

推动原子论发展，研究原子的性质及法则，并构思了元素符号。

⑫ 约翰·纽兰兹（John Newlands，1837—1898，英国）

提出了元素"八音律"，即将元素按原子量顺序排列，每隔7种元素便会出现性质相似的元素。

⑬ 门捷列夫（1834—1907，俄国）

发现了性质相似的元素会周期性出现的规律，发明了元素周期表；并且，通过元素周期表，预言还存在众多未被发现的元素。

⑭ 其后的元素研究和发展情况

正如门捷列夫的预言，科学家们不断发现新的元素，并在19世纪末至20世纪初发现了放射性元素。20世纪，出生于新西兰的英国物理学家欧内斯特·卢瑟福（Ernest Rutherford）、丹麦物理学家尼尔斯·玻尔（Niels Bohr）等研究发现，元素的本质就是原子，元素是具有相同质子数的一类原子的总称。截至2023年12月，已确认存在的元素有118种。

理解元素、原子、分子之间的关系

元素就是原子吗？

既然元素的本质就是原子，那么，两者究竟有什么区别呢？

我们身边的所有物质都是由无数肉眼不可见的微小粒子（大约是一亿分之一厘米）构成的。"原子"就是用来具体指称这种微小粒子的词语。例如，铁是由铁原子构成的，钻石是由碳原子构成的。只是，早期人们并不知道所有物质都是由原子这种微小粒子构成的，所以将物质的本原用更加抽象的一个词语"元素"来表示。

如今，我们已经知道，元素的本质就是原子。为此，在抽象地表示原子的类别时，使用"元素"一词；而在具体地表示元素的本质时，使用"原子"一词。换而言之，要学习元素，就得先理解原子。

元素：抽象地表示原子的类别。（宏观概念）

原子：具体地表示元素的本质。（微观概念）

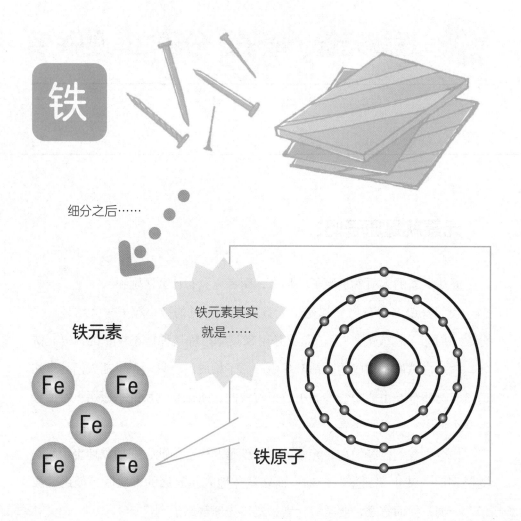

细分之后……

铁元素

铁元素其实
就是……

Fe Fe
Fe
Fe Fe

铁原子

所有原子的结构要素相同

理解了元素和原子的关系后，我们再了解一下原子的结构。

原子由位于核心部位的原子核及环绕在原子核周围的电子构成。原子核通常是由带正电的质子和不带电的中子构成。原子核周围则环绕着带负电的电子。一般原子的质子数和电子数相同，整个原子呈电中性状态。

所有原子都有这种结构要素。换而言之，无论是氧原子、铁原子，还是金原子等，所有原子都是由质子、中子和电子三种要素构成的。下图为氧原子结构平面示意图。

氧原子结构平面示意图

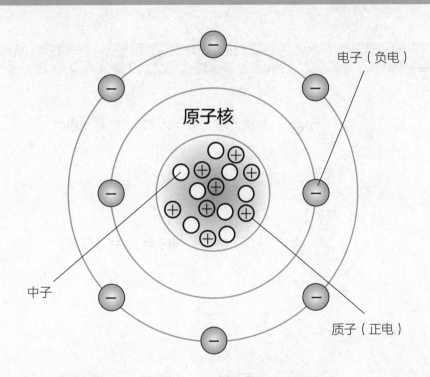

▲原子核中有质子和中子，其周围环绕着电子。

质子数决定了元素类别

一个原子属于什么元素，取决于原子核内部的质子数。例如，原子核内只有1个质子的原子是氢原子，原子核内有8个质子的原子是氧原子，原子核内有92个质子的原子是铀原子。

如上所述，根据质子数可以区分元素。因此，质子数便被用来给原子编号，成为原子序数。通常情况下，质子数与电子数、原子序数间的关系如下图所示。

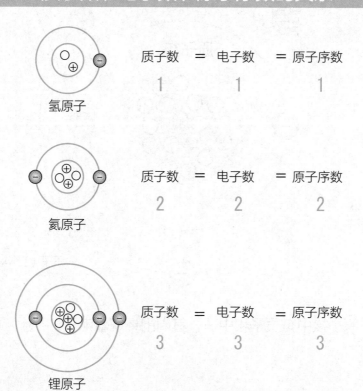

质子数、电子数、原子序数的关系

氢原子

质子数 = 电子数 = 原子序数
  1   1   1

氦原子

质子数 = 电子数 = 原子序数
  2   2   2

锂原子

质子数 = 电子数 = 原子序数
  3   3   3

原子与分子的区别

原子是构成物质的基本单位，原子相互结合形成分子，分子是能保持物质物理化学特性的最小单元。例如，氢气是由氢分子构成的，而氢分子是由2个氢原子结合构成的；水是由水分子构成的，而水分子是由2个氢原子和1个氧原子结合构成的。（如下图）物质就是这样由许多分子结合而成。

不过，也有例外情况，如氦原子、氖原子（稀有气体）等的原子结构很稳定，不会相互结合，其分子是以单原子状态存在的。这样的分子被称为单原子分子。

此外，金属元素相互结合、金属元素与非金属元素相互结合，通常情况下不构成分子。

原子与分子的关系

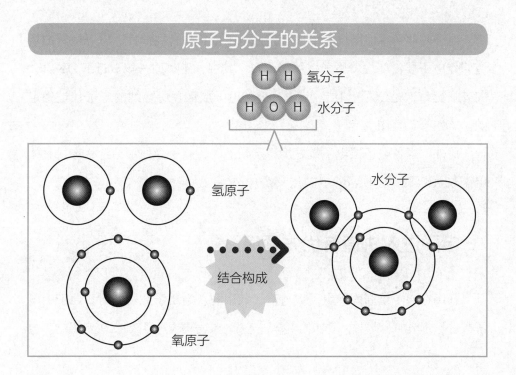

H H 氢分子

H O H 水分子

氢原子

氧原子

结合构成

水分子

4 进一步了解元素的相关知识

Question

什么是电子排布？

Answer 指电子围绕原子核的排列分布，通常每种元素的电子排布是有规律的。

电子绕着固定的轨道旋转

电子并非随意地围绕原子核旋转，电子排布具有规律性。电子旋转的轨道叫作电子层，环绕着原子核层层分布。其中，距离原子核最近的为K层，向外递延依次是L层、M层、N层……各电子层最多可容纳的电子数是确定的。（如第19页图）

此外，当各电子层电子数处于稳定状态时，原子会处于稳定状态，具体电子数为K层2个，L层8个，M层18个……

电子进入轨道有优先顺序

围绕在原子核周围的电子数与质子数相同。当质子数增加时，原子的电子数也随着增加。此时，增加的电子进入哪个电子层是一开始就决定好的。通

各个电子层最多可容纳的电子数（$2n^2$）

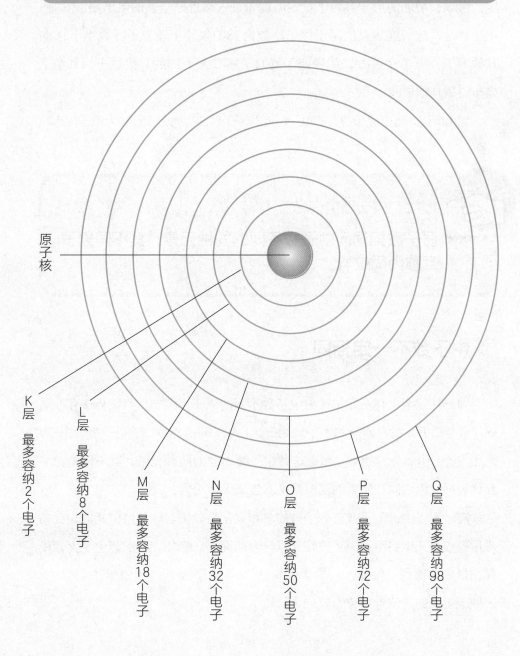

原子核

K层　最多容纳2个电子

L层　最多容纳8个电子

M层　最多容纳18个电子

N层　最多容纳32个电子

O层　最多容纳50个电子

P层　最多容纳72个电子

Q层　最多容纳98个电子

常，越是接近原子核的电子层的电子，原子核对它的引力就越大，状态也越稳定。所以，增加的电子会为了稳定而优先进入接近原子核的电子层。

只是，这一规律只适用于原子序数为18的氩原子及原子序数小于18的其他原子，原子序数为19的钾原子及原子序数大于19的其他原子，其电子排布遵循其他规律。

综上所述，每个原子特有的电子围绕其原子核的排列分布被称为电子排布。

同位素是什么?

Answer 质子数相同而中子数不同的同种元素，其不同原子互称为同位素。

中子数不一定相同

同一种元素也存在原子核内中子数不同的原子。例如，自然界中存在的碳（C）原子，就有质子和中子均为6个（占比96.93%），质子6个、中子7个（占比1.07%）等种类。像碳这种中子数不同的同种元素，其不同的原子互称为同位素。同种元素的同位素基本性质大致相同。

同一原子中，质子数与中子数的总和就是质量数。区分同位素时，会将质量数放在元素名称后面（放在元素符号前面）。例如，自然界中碳元素中存在最多的那种同位素，其质量数就是：6（质子数）+6（中子数）=12。这种碳元素的同位素被称为碳-12（^{12}C）。

同位素有不同种类

通常，原子核的状态是十分稳定的，即使中子数有变化，也不会变成其他物质。但是，在同位素中，也有一些同位素的原子核并不稳定，会发生衰变而转变成另一种原子的原子核。这种同位素在发生衰变时会释放射线，被称为放射性同位素。例如，在碳原子中，有8个中子的碳-14（^{14}C）就是放射性同位素。此外，核能发电中使用的铀就有铀-234、铀-235、铀-238等不同放射性同位素。

在放射性同位素中，像碳-12、碳-13（^{13}C）这样状态稳定的被称为稳定同位素。

稳定同位素与放射性同位素

碳-12（^{12}C，稳定同位素）

质子和中子之间的状态稳定

⊕ 质子 ·················· 6个
○ 中子 ·················· 6个
质量数 ·················· 12个

碳-14（^{14}C，放射性同位素）

质子和中子之间的状态不稳定

⊕ 质子 ·················· 6个
○ 中子 ·················· 8个
质量数 ·················· 14个

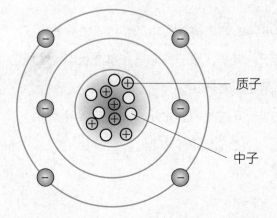

质子

中子

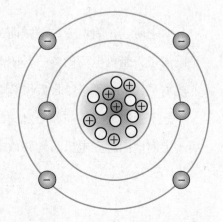

离子是什么?

Answer 指因电子数增减而带电荷的原子。

电子数变化会形成带电荷的原子

当电子充满原子的电子层后,电子排布就处于稳定状态。例如,K层有2个电子,L层有8个电子,这样的电子排布就处于稳定状态。

如果原子多了1个电子,会发生怎样的变化呢?这时电子排布处于不稳定状态,为达到稳定状态,原子需要稍受些刺激以让该电子逸出。因为电子自身带负电,所以当原子多了1个电子时,就会带负电荷,成为阴离子。反过来,如果处于稳定状态的原子失去1个电子,原子就会带正电荷,成为阳离子。这时,一旦原子重新获得1个电子时,原子就会回归稳定状态。(如第23页图)

离子是带电荷的原子

如上所述,因电子数增减而带电荷的原子被称为离子,带正电荷的离子是阳离子,带负电荷的离子是阴离子。但是,原子并非只在单个状态下才能变成离子,数个原子结合后也有可能变成离子。

原子变成离子,与原子之间的结合方式有关。此外,在电解质溶液中,离子定向地向对应电极移动并放电,会使溶液具有导电性。

电子增减导致的离子化

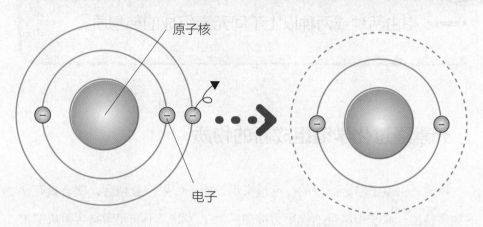

原子核

电子

较稳定状态多1个电子时,
原子会……

失去1个电子后回归稳定状态,
变成阳离子。

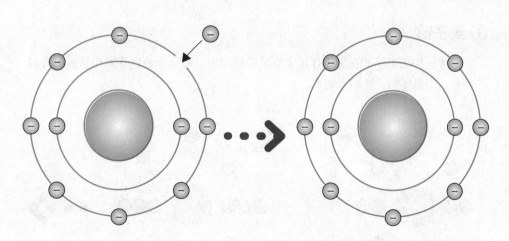

较稳定状态少1个电子时,
原子会……

得到1个电子后回归稳定状态,
变成阴离子。

化合物是什么?

Answer 指由两种或两种以上不同元素组成的纯物质。

元素通过化学键组成新的物质

物质是由原子结合而成的。反过来讲，原子如果相互结合，就会具有新的物质特性。原子相结合的作用力被通称为化学键，不同元素结合组成的物质就是化合物。与之相对，同种元素结合组成的物质就是单质。

主要化学键类型

① 离子键

阴离子和阳离子间在静电作用下形成的化学键，可见于金属元素与非金属元素的结合，如氯化钠、碳酸氢钠等。

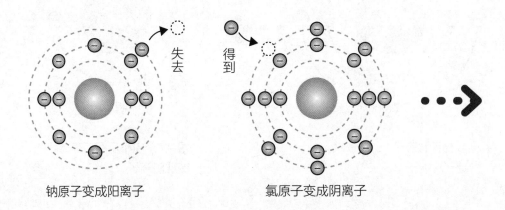

钠原子变成阳离子　　　　　　氯原子变成阴离子

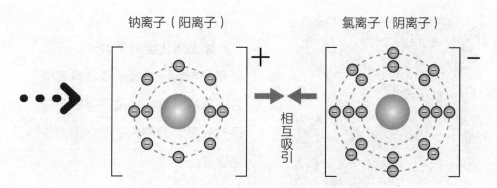

钠离子（阳离子）　　　　　　氯离子（阴离子）

相互吸引

阳离子和阴离子在静电作用下结合。

② 共价键

共同使用最外电子层电子（价电子），并达到电子饱和状态的化学键。多见于除稀有气体以外的非金属元素结合形成分子的情况，如氢气、水等。

共用电子

氢原子最外电子层（K层）电子数未排满，因此状态不稳定。

两个氢原子的最外电子层达到电子饱和状态，结构比较稳定。

③ 金属键

金属原子按一定规律结合为晶体时，所有原子共用价电子，价电子在整个晶体中自由运动。这种状态的价电子被称为自由电子，起连接金属原子的作用。金属之所以能导电，就是因为自由电子能够自由运动，如铁、铜等。

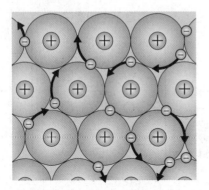

自由电子在原子间自由运动，
将原子连接在一起。

除上述化学键类型外，还有氢原子与周围的原子以共价键结合形成的氢键，以及只存在于分子与分子之间的分子间作用力等化学键。

同素异形体是什么?

Answer 指由同样的单一化学元素组成，但性质不同的单质。

因原子排列方式不同而形成不同的物质

由同种元素组成的纯物质被称为单质。其中，有些单质虽然由同种元素组成，却因原子排列方式等差异而具有不同的性质。这样的单质被称为同素异形体。

例如，用于制作铅笔芯的石墨和钻石就是常见的同素异形体。两者都是碳元素单质（所含杂质元素极微，可忽略），因为原子间的排列方式不同，所以在导电性能及硬度、颜色、透明度方面都有不同。

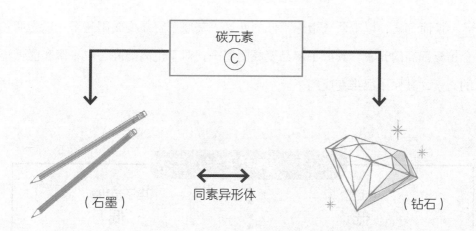

碳元素
C

（石墨） ←→ 同素异形体 （钻石）

Question

存在容易形成离子的元素和不易形成离子的元素吗?

Answer 因电离能和电子亲和能等性质不同，有的元素容易形成离子，有的元素则不易形成离子。

反映形成离子难易度的两个指标

电离能是指原子因失去电子而变成阳离子时，克服核电荷对电子的引力所需要的能量。每种元素的电离能都不同，电离能越高的原子，越难失去电子，也就是越难变成阳离子。

另一方面，电子亲和能则是反映原子获得电子难易度的指标，元素的电子亲和能越高，其原子就越容易变成阴离子。

换而言之，以上两个指标都低的元素，其原子容易变成阳离子；以上两个指标都高的元素，其原子容易变成阴离子；对于电离能高、电子亲和能低的元素，其原子很难变成离子。

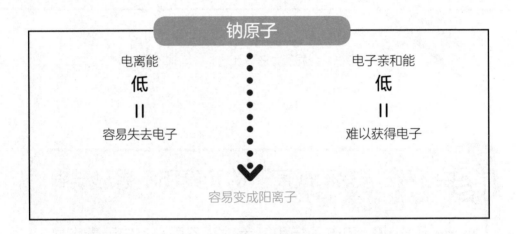

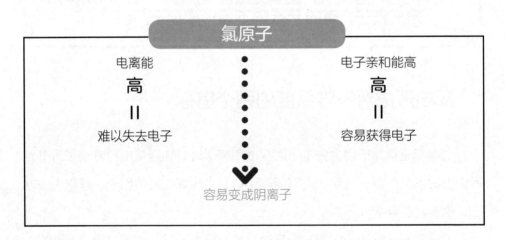

第 2 章

元素周期表的
阅读方法

这样看元素周期表

元素周期表是根据元素周期律来排列元素的

元素周期表是根据元素周期律来排列元素的。元素周期律是指"将元素按照原子序数排列，性质相近的元素会周期性地出现"的规律。在元素周期表中，性质相近的元素按照纵向排列。

目前，公认的元素周期表中有118种元素。不过，也有包含未发现元素在内的共有172种元素的元素周期表版本面世。

元素周期律是基于什么规律存在的？

元素周期律是基于原子的电子排布规律存在的。原子的电子层数相同的元素，原则上排在同一周期内。

元素周期表的族并没有像周期那样整体有规律。在ⅠA族、ⅡA族、ⅡB族，以及ⅢA族~0族中，每个族内原子的价电子数相同（0族中，原子的电子数处于饱和状态，能形成化学键的价电子数为零）。但是，在ⅢB族~Ⅷ族及ⅠB族中，每个族的原子的价电子数并不相同，不适用于上述规律。

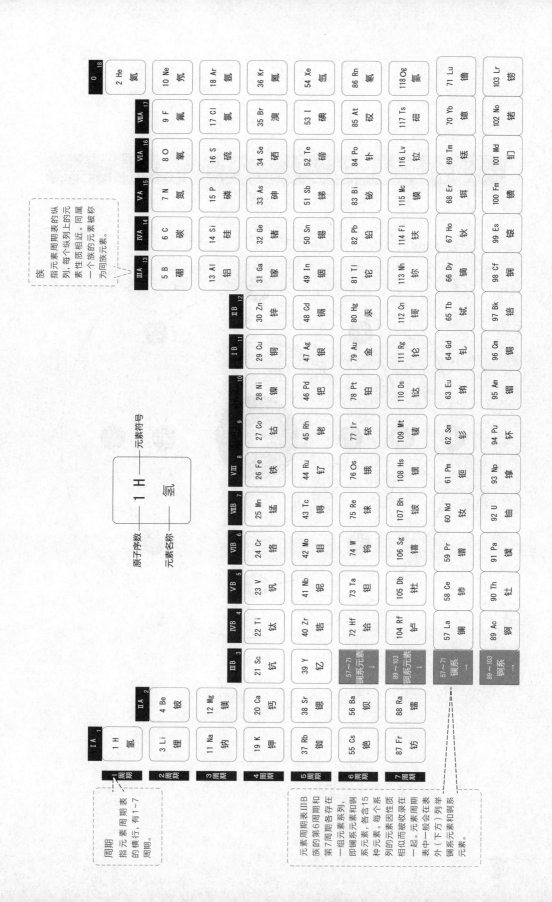

钠原子的电子排布

最外电子层

价电子

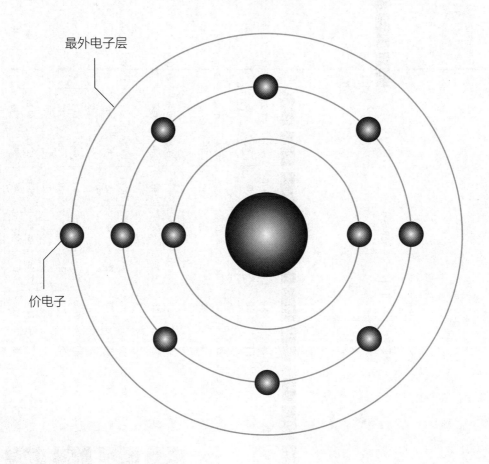

2 应该记住的元素分类

金属元素和非金属元素

金属元素

　　金属元素指处于单质（没有与其他物质化合）状态，具有金属通性的元素。金属元素种类大约占全部元素种类的80%，在元素周期表中排在硼（B）、硅（Si）、砷（As）、碲（Te）、砹（At）和础（Ts）的左侧（氢元素除外）。

　　金属的主要性质：
　　○ 常温下为固体［只有汞（Hg）例外，汞在常温常压下为液体］；
　　○ 颜色不透明，呈金色或银色等，具有金属光泽；
　　○ 良好的导体（导电性），易导热；
　　○ 受外力碾压时，能形成薄片（展性）；
　　○ 受外力拉伸时，能延伸成细丝（延性）；
　　○ 容易变成阳离子。

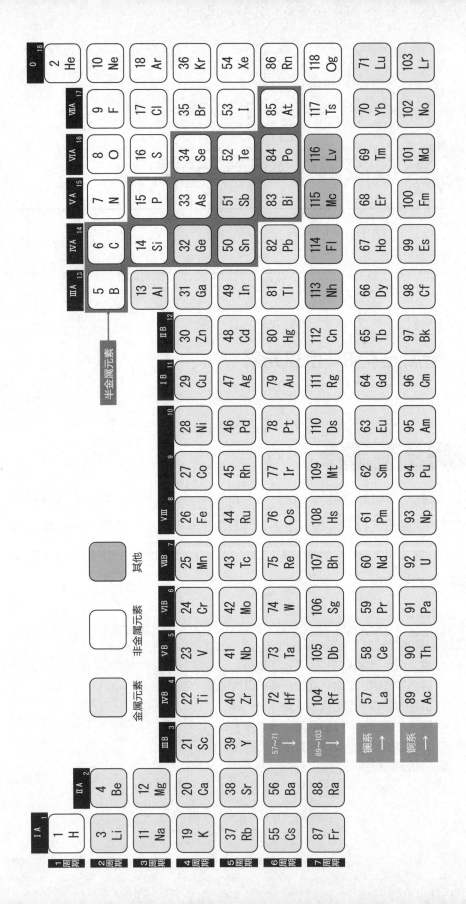

非金属元素

金属元素以外的元素统称为非金属元素。这一分类仅仅是将金属元素以外的全部元素划分归类，实质上非金属元素并没有适用于全体的通性。在元素周期表中，非金属元素包括氢（H）、硼（B）、硅（Si）、砷（As）、碲（Te）、砹（At）、鿬（Ts）及排在其右侧的元素。

> 非金属的主要性质：
> ○ 常温下呈不同的形态（气体、液体、固体）；
> ○ 电导率较弱；
> ○ 一般容易变成阴离子。

半金属元素[①]

在分类上，半金属元素既可归为金属元素，又可归为非金属元素，性质介于金属和非金属之间。由于没有明确的定义，所以对半金属元素的认定，仍存在不同的观点。

碳（C）和锡（Sn）的单质虽然不具备半金属性质，但它们的一部分同位素具备半金属性质，所以被划分为半金属元素。

> 半金属的主要性质：
> ○ 性质介于金属和非金属之间；
> ○ 没有弹性，脆性大；
> ○ 具有金属光泽；
> ○ 导电性中等，电导率易随气温的变化而变化（半导体性质）。

---

① 本书将13种元素归为半金属元素，它们分别是：硼（B）、碳（C）、硅（Si）、磷（P）、锗（Ge）、砷（As）、硒（Se）、锡（Sn）、锑（Sb）、碲（Te）、铋（Bi）、钋（Po）、砹（At）。而在国内，一般将其中的8种元素归为半金属元素，它们分别是：硼（B）、硅（Si）、锗（Ge）、砷（As）、锑（Sb）、碲（Te）、钋（Po）、砹（At）。——编者注

稀有金属和稀土元素

稀有金属

相对于铁、铜、铝等被大量应用于工业制造的普通金属（基本金属或主要金属），储量稀少但需求高的金属被称为稀有金属。但是，这一分类仅仅指的是这类金属在工业制造中的流通量和使用量较少，并非学术上的分类。日本经济产业省将31种元素划入稀有金属（其中，全部稀土元素被视作一类元素划入）。

稀有金属主要被添加于结构材料中以增强合金特性，用作电子材料和磁性材料。

稀土元素

人们将元素周期表ⅢB族中的钪（Sc）、钇（Y）和镧系元素中的15种元素统称为稀土元素。稀土金属及其合金被用作雷达装置、发光二极管、永久磁体等材料。

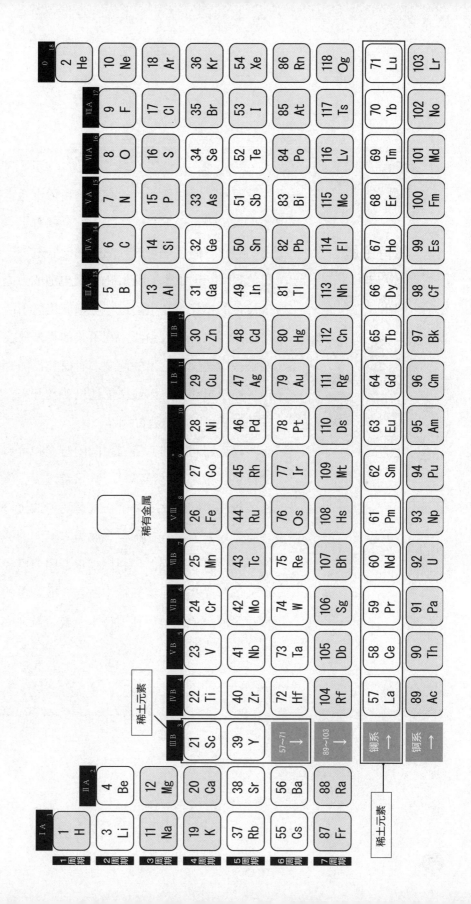

稀有金属真的要枯竭了吗?!

随着工业发展,对稀有金属和稀土元素的需求出现了爆炸式增长,人们也就有了将它们与"资源枯竭"这样的关键词联系在一起的警醒。比如锂(Li),随着锂电池成为电子设备的标配,在电动汽车等领域用量不断增加。所以,有人预测,在不久的将来就会面临锂金属供给不足的问题。有研究已测算出,如果电动汽车以最快的速度普及开来,锂的储量可以应对数百年。

真正的问题其实是国家间的对立和贸易摩擦可能带来的供给不足。需求越过热,价格就越高,结果就导致价格壁垒而无法进口稀有金属。为此,在稀有金属需求量大的国家,应该着手研究循环利用技术,因为已经流通的产品和工业废弃物中就含有非常多的稀有金属。通过循环利用技术,就可做到更高效地回收利用这些资源。

主族元素

主族元素

主族元素包括元素周期表中ⅠA族、ⅡA族、ⅡB族，以及ⅢA族~0族元素。其特征是每族均有相似的化学性质，如碱金属（ⅠA族）、稀有气体（0族）等，均是根据各族特有的性质来命名的。

主族元素的主要特征
○ 每族均有相似的性质；
○ 每族的价电子数相同；
○ 族序数越小，该族元素的原子越容易变成阳离子；族序数越大，该族元素的原子越容易变成阴离子（仅0族元素的原子难以变成离子）。

● 碱金属元素

指除氢元素（H）以外的ⅠA族金属元素。碱金属元素原子的电离能低，易变成阳离子，其单质能与水发生激烈反应。

● 碱土金属元素

指ⅡA族金属元素[1]。该族元素原子的电离能也低，易变成阳离子，其单质与水发生反应的激烈程度仅次于碱金属元素单质。

---

[1] 日文原书中，碱土金属元素是指除铍元素（Be）和镁元素（Mg）以外的ⅡA族金属元素。全国科学技术名词审定委员会"术语在线"中，"碱土金属"指的是："元素周期表中第2（ⅡA）族元素，包括铍、镁、钙、锶、钡、镭。"本书依其修改。——编者注

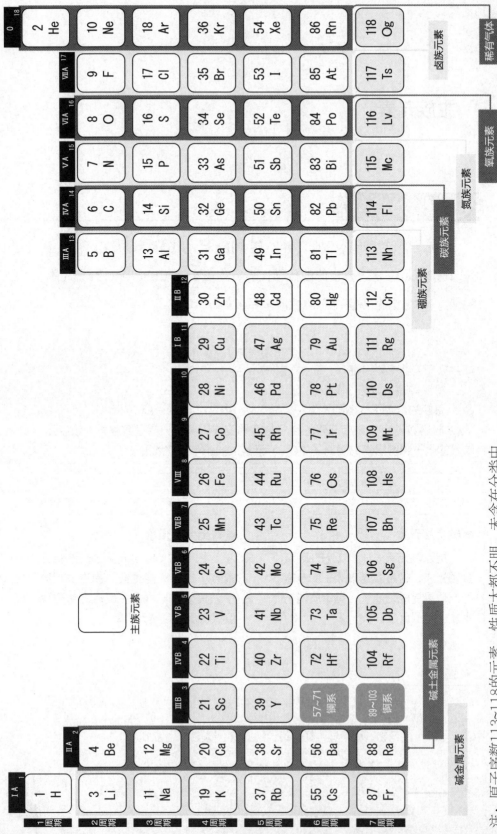

注：原子序数113~118的元素，性质大都不明，未含在分类中。

● 硼族元素

指ⅢA族元素，以铝元素（Al）为代表。该族元素的单质被用于制作各种物品。部分元素单质能起焰色反应（燃烧时火焰呈现特殊颜色）。

● 碳族元素

指ⅣA族元素。该族元素多被划为半金属元素，所属周期的序数越大，其金属性越强。

● 氮族元素

指ⅤA族元素。大多数氮族元素很早以前就被发现。其单质仅氮（N）为气体，其余均为固体。

● 卤族元素

指ⅦA族元素。该族元素易变成阴离子，具有激烈的反应性。在常温下，其单质分别呈气体、液体和固体形态。

● 氧族元素

指ⅥA族元素。该族元素中，仅氧元素（O）的性质与其他元素稍有不同。氧族元素是构成矿石的主要元素，其英文名称"chalcogen"就含有"构成石头的物质"的意思。

● 稀有气体

指0族元素。该族元素电子结构稳定，基本上不与其他物质发生反应。其单质均呈气体形态，一般取"稀有"之意称其为"稀有气体"。但近年来也有人认为，其不与其他物质发生反应，是一种"高贵气质"，故称其为"贵族气体"。

过渡元素

过渡元素

过渡元素指元素周期表中ⅢB族~ⅦB族、Ⅷ族、ⅠB和ⅡB族元素。因为这些元素均为金属元素，所以也被称为过渡金属元素。与主族元素不同的是，过渡元素不在同一族内，而且在同周期内其相邻的元素具有相似的性质。

此外，过渡元素中有很多元素的单质与其他物质发生化合反应时，会显示颜色或具有磁性，这也是其特征之一。

过渡元素的主要特征
○ 同周期内相邻的元素具有相似的性质；
○ 发生化合反应时会显示颜色；
○ 多具有磁性。

贵金属元素

第5周期中从钌元素（Ru）到银元素（Ag）、第6周期中从锇元素（Os）到金元素（Au），共有8种元素，它们被称为贵金属元素。贵金属元素属于过渡元素，所以其相邻的元素具有相似的性质，且多为稀有元素，具有耐腐蚀性。

贵金属元素中，除了金和银以外的元素又被称为"铂族元素"。此外，也有人认为铜为贵金属，所以就将铜元素纳入贵金属元素中。

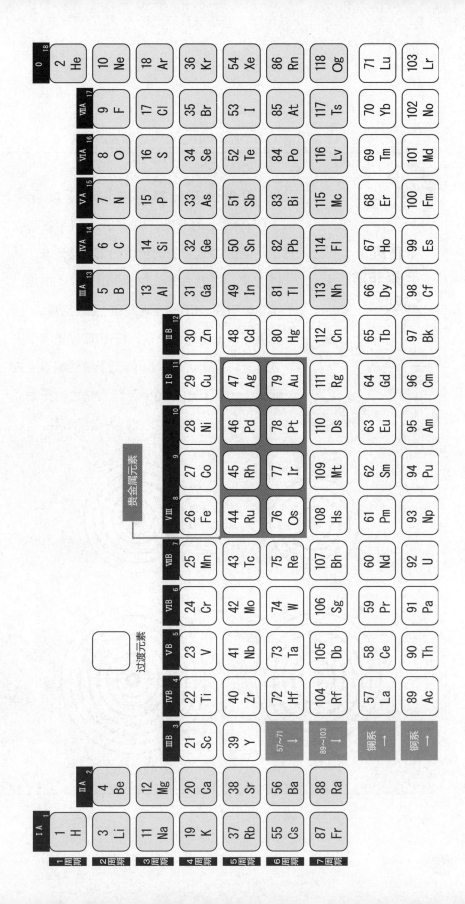

ⅡB族元素非常特别？！

根据国际纯粹与应用化学联合会（IUPAC）的分类，ⅡB族元素归为主族元素，但ⅡB族元素有时也被归为过渡元素。其原因是，从电子排布来看，ⅢB族~ⅦB族、Ⅷ族和ⅠB族、ⅡB族元素同属于d区元素。d区元素基本上是过渡元素，仅ⅡB族元素属于主族元素。换而言之，ⅡB族元素虽然属于主族元素，但在其他分类中，其又与过渡元素同属一类，因此有时也就被归为过渡元素。

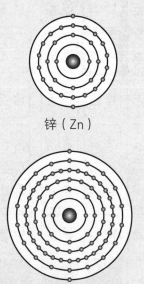

锌（Zn）

镉（Cd）

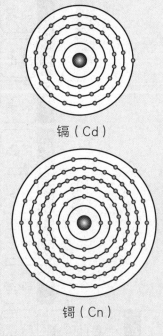

汞（Hg）

鿔（Cn）

元素周期表的历史与未来

不断进化的元素周期表

17世纪后半叶至18世纪前半叶，随着化学实验方法的不断进步，许多元素被发现。同时，随着对元素的研究不断深入，人们开始思考元素之间是否存在一些规律，并提出了一些见解。但是，当时，人们对元素的了解仍存在很多不确定之处且许多元素尚未被发现，因此并没有出现公认的见解。

后来，人们认识到原子量及元素的性质是有规律的。1869年，门捷列夫总结并发表了元素周期表。因为门捷列夫提出的元素周期表是现代元素周期表的基础，所以我们说是门捷列夫发明了元素周期表。其实，在此之前已有许多化学家对元素的规律进行了研究。

现在，人们利用加速器等进行元素实验，发现了一些自然界中并不存在的放射性元素，与门捷列夫时代相比，现在元素的数量翻了将近一番。可以预测的是，今后还会不断地发现新元素，元素周期表也会随之不断更新。

门捷列夫发明的元素周期表

```
                      Ti = 50      Zr = 90      ? = 180.
                      V = 51       Nb = 94      Ta = 182.
                      Cr = 52      Mo = 96      W = 186.
                      Mn = 55      Rh = 104,4   Pt = 197,4.
                      Fe = 56      Rn = 104,4   Ir = 198.
                Ni = Co = 59       Pl = 106,6   O = 199.
  H = 1               Cu = 63,4    Ag = 108     Hg = 200.
      Be = 9,4  Mg = 24  Zn = 65,2  Cd = 112
      B = 11    Al = 27,4  ? = 68   Ur = 116    Au = 197?
      C = 12    Si = 28    ? = 70   Sn = 118
      N = 14    P = 31   As = 75    Sb = 122    Bi = 210?
      O = 16    S = 32   Se = 79,4  Te = 128?
      F = 19    Cl = 35,5 Br = 80      I = 127
  Li = 7 Na = 23   K = 39  Rb = 85,4  Cs = 133  Tl = 204.
                Ca = 40  Sr = 87,6  Ba = 137    Pb = 207.
                ? = 45   Ce = 92
                ?Er = 56  La = 94
                ?Yt = 60  Di = 95
                ?In = 75,6 Th = 118?
```

▲门捷列夫发明的元素周期表是根据相对原子质量排列的，其中不仅包含当时已被发现的60个左右的元素，还包含一些预测存在但尚未被发现的元素。之后，一些新元素正如门捷列夫预测的那样被发现，这也证明了元素周期表的正确性。

扩展至172号元素的元素周期表

*参考佩卡·皮克（Pekka Pyykkö）的论文制作

IA 1	IIA 2	IIIB 3	IVB 4	VB 5	VIB 6	VIIB 7	VIII 8	9	10	IB 11	IIB 12	IIIA 13	IVA 14	VA 15	VIA 16	VIIA 17	0 18
1 H																	2 He
3 Li	4 Be											5 B	6 C	7 N	8 O	9 F	10 Ne
11 Na	12 Mg											13 Al	14 Si	15 P	16 S	17 Cl	18 Ar
19 K	20 Ca	21 Sc	22 Ti	23 V	24 Cr	25 Mn	26 Fe	27 Co	28 Ni	29 Cu	30 Zn	31 Ga	32 Ge	33 As	34 Se	35 Br	36 Kr
37 Rb	38 Sr	39 Y	40 Zr	41 Nb	42 Mo	43 Tc	44 Ru	45 Rh	46 Pd	47 Ag	48 Cd	49 In	50 Sn	51 Sb	52 Te	53 I	54 Xe
55 Cs	56 Ba	57~71↓	72 Hf	73 Ta	74 W	75 Re	76 Os	77 Ir	78 Pt	79 Au	80 Hg	81 Tl	82 Pb	83 Bi	84 Po	85 At	86 Rn
87 Fr	88 Ra	89~103↓	104 Rf	105 Db	106 Sg	107 Bh	108 Hs	109 Mt	110 Ds	111 Rg	112 Cn	113 Nh	114 Fl	115 Mc	116 Lv	117 Ts	118 Og
119	120	121~↓	156	157	158	159	160	161	162	163	164	139	140	169	170	171	172
165	166											167	168				

镧系	57 La	58 Ce	59 Pr	60 Nd	61 Pm	62 Sm	63 Eu	64 Gd	65 Tb	66 Dy	67 Ho	68 Er	69 Tm	70 Yb	71 Lu
锕系	89 Ac	90 Th	91 Pa	92 U	93 Np	94 Pu	95 Am	96 Cm	97 Bk	98 Cf	99 Es	100 Fm	101 Md	102 No	103 Lr
?	121	122	123	124	125	126	127	128	129	130	131	132	133	134	135
?	141	142	143	144	145	146	147	148	149	150	151	152	153	154	155

136	137	138

1周期 2周期 3周期 4周期 5周期 6周期 7周期 8周期 9周期

▲2010年，芬兰赫尔辛基大学的化学家提出了扩展至172号元素（包含未被发现的元素）的周期表。第8周期及其后的元素，其排列方式与以前所有所不同。

第 3 章
从基本知识到最新知识: 118 种元素图鉴

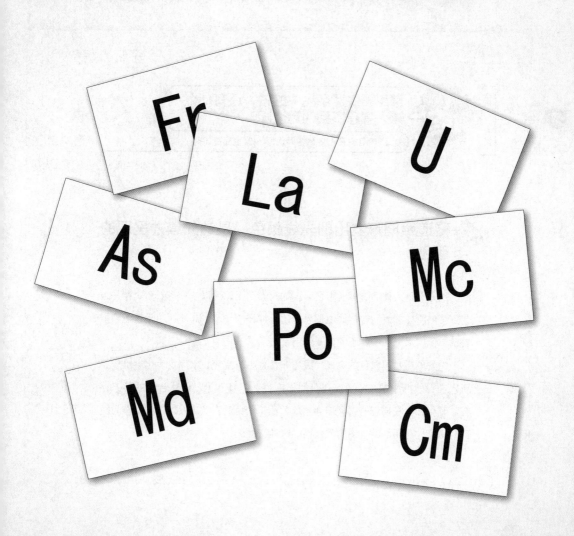

元素图鉴的阅读方法示例

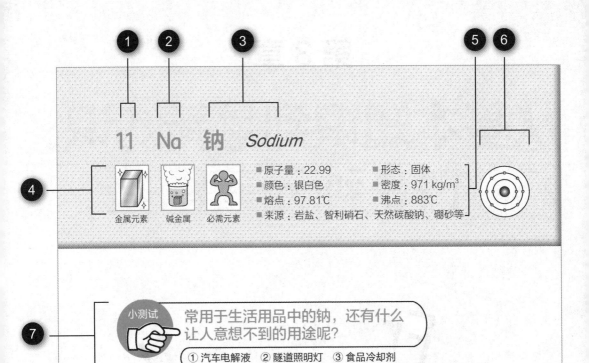

11　Na　钢　*Sodium*

金属元素　　碱金属　　必需元素

- ■原子量：22.99
- ■颜色：银白色
- ■熔点：97.81℃
- ■形态：固体
- ■密度：971 kg/m³
- ■沸点：883℃
- ■来源：岩盐、智利硝石、天然碳酸钠、硼砂等

小测试　常用于生活用品中的钠，还有什么让人意想不到的用途呢？

① 汽车电解液　② 隧道照明灯　③ 食品冷却剂

（答案：②）

隧道照明灯发出的光线颜色，是钠元素才呈现的颜色

钠元素是人体的必需元素之一。钠元素在人体内以钠离子的形式存在，起到帮助将外部刺激转化成电信号传达给神经的作用。此外，钠元素还承担着调节体内水分和渗透压的重要作用。

钠的单质是银白色的金属。因为非常容易与空气、水等发生化学反应，所以在自然界中钠几乎不能以金属形态存在，基本上是以化合物的形态存在。其化合物在燃烧时，火焰会呈现黄色（焰色反应）。人们用钠灯作为隧道照明灯，利用的就是钠的化合物的这种特性。

主要用途 钠的化合物可制作食盐、调味料、泡打粉、小苏打、肥皂、沐浴剂、化学药品等，可用作钠灯的电光源、原子反应堆的冷却剂等。

▼ 自古时起，含有钠元素的小苏打就用于制造肥皂、沐浴剂等。这些物品在被使用时起泡沫，就是钠元素起的作用。

食盐

肥皂

▲ 钠的化合物可精制成调味料。

8

元素话题

钠可用于制造药品

日语"钠"来自音译德语，德语"钠"则源于拉丁语"natoron"（碳酸钠），英语"sodium"（钠）则源于阿拉伯语"头痛药"一词。事实上，现在市面上销售的头痛药、镇痛剂等药品，很多都含有钠的化合物。

9

❶ 原子序数　　**❷ 元素符号**　　**❸ 元素名称**

❹ 元素分类

元素分类通过图标展示。各分类的具体说明请参阅第2章"2　应该记住的元素分类"。

图标种类

金属元素 ▶ 具有金属通性的元素。

非金属元素 ▶ 金属元素以外的所有元素。

半金属元素 ▶ 性质介于金属元素和非金属元素之间的元素。

主族元素 ▶ 元素周期表中ⅠA族、ⅡA族、ⅡB族，以及ⅢA族~0族元素。同族元素均有相似的化学性质。

同族元素

碱金属元素 ▶ 指除氢元素（H）以外的ⅠA族金属元素。

碱土金属元素 ▶ 指ⅡA族金属元素。

硼族元素 ▶ 指ⅢA族元素。

碳族元素 ▶ 指ⅣA族元素。

氮族元素 ▶ 指ⅤA族元素。

氧族元素 ▶ 指ⅥA族元素。

卤族元素 ▶ 指ⅦA族元素。

稀有气体（贵族气体） ▶ 指0族元素。

过渡元素 ▶ 指元素周期表中ⅢB族~ⅦB族、Ⅷ族、ⅠB族和ⅡB族元素，同周期内其相邻的元素具有相似的性质。

稀有金属 ▶ 在工业制造中，流通量和使用量较少的金属。

稀土元素 ▶ 元素周期表ⅢB族中的钪（Sc）、钇（Y）和镧系元素中的15种元素统称为稀土元素。

镧系元素 ▶ 元素周期表ⅢB族的第6周期中的15种元素。

锕系元素 ▶ 元素周期表ⅢB族的第7周期中的15种元素。

❺ 元素数据

元素的相关数据。

数据种类

原子量 ▶ 又称为相对原子质量，指的是以一个碳–12（^{12}C）原子质量的 1/12 为标准值，任何一个原子的真实质量与该标准值的比值。比值的小数点后面部分四舍五入取值。无法确定原子量的元素，在"（ ）"内标示已确定的同位素原子量。

形态 ▶ 记载该元素的单质在常温下的形态（气体、液体、固体）。

颜色▶记载该元素的单质在常温下的颜色。

密度▶单位体积的质量（单位：kg/m^3）。

熔点 ▶ 指晶体物质开始熔化为液体时的温度。

沸点 ▶ 指液体沸腾时的温度。

来源 ▶ 指该元素在自然界中的来源。标明"人工放射性元素"的元素，是指利用原子反应堆或加速器等通过人工核反应合成的元素。

❻ 电子排布模型图

平面展示原子的电子排布模型（玻尔原子模型）。

❼ 小测试

针对元素的小测试题，并在其所在的条目中对相关的内容做出讲解。

❽ 主要用途

介绍元素的主要用途。

❾ 元素话题

介绍与该元素相关的信息，帮助进一步了解该元素。

第1周期

1 H 氢 *Hydrogen*

非金属元素

必需元素

- 原子量：1.008
- 颜色：无色
- 熔点：−259.14℃
- 形态：气体
- 密度：0.08988 kg/m³
- 沸点：−252.87℃
- 来源：自然界中的水、海水、水蒸气，以及生物体内的有机化合物（如氨基酸）等

 小测试

作为下一代能源，受到万众瞩目的以氢为原料的电池是什么？

① 碱性电池　② 燃料电池　③ 铅蓄电池

（答案：②）

铁和硫酸是发现氢元素的契机？！

氢元素是所有元素中最轻、在宇宙中数量最多的元素。在地球上，氢元素几乎不以单质形式存在，主要是与氧元素化合，以水、海水、水蒸气等形式存在。此外，氢元素与人体的关系也很密切，是携带遗传信息的脱氧核糖核酸（DNA）所不可缺少的元素。DNA是双螺旋结构，而使DNA保持这种结构的正是氢元素。

氢元素被发现可追溯到18世纪。当时，随着化学实验方法的进步，人们明确了存在

▲卡文迪许
沉默寡言、不喜与人打交道的卡文迪许，一心投入科学研究，取得了众多成果。

各种元素后，通过实验分离化合物，提取元素的单质。氢元素就是通过这种方式提取单质的元素之一。1766年，英国化学家亨利·卡文迪许（Henry Cavendish）通过在稀硫酸中加入铁，成功地提取了氢单质。

氢的同位素

自然界中存在的氢的同位素有氕（轻氢）、氘（重氢）、氚（超重氢），比氚的中子数更多的氢的同位素，只能在实验室里瞬间合成。

○ 中子　　　⊕ 质子　　　⊖ 电子

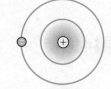

氕（轻氢）
中子数：0个

氘（重氢）
中子数：1个

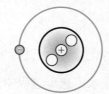

氚（超重氢）
中子数：2个

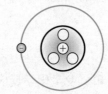

氢-4
中子数：3个

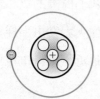

氢-5
中子数：4个

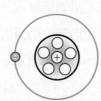

氢-6
中子数：5个

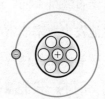

氢-7
中子数：6个

有多种同位素的氢元素

众所周知，氢元素有多种同位素。其中主要成分是没有中子的氕。与此相对，有1个中子的氢的同位素被称为氘，有2个中子的氢的同位素被称为氚。氕和氘都是稳定同位素，从氚开始，氢的同位素都是放射性同位素。

氘被应用于核反应堆中，通过控制核裂变产生的中子的速度来调节核裂变进程。此外，氘和氚还被用作核武器氢弹的一种燃料。

原料免费？！清洁环保的燃料电池

氢气是易燃气体。其燃烧时产生的热能是甲烷（天然气的主要成分）燃烧时产生的热能的2.5倍。人们采用液氢作为火箭燃料，正是利用氢的这一性质。

此外，氢还被用作发电的能源。将水进行电解，能分解出氧和氢。相反，氧和氢发生化学反应会生成水，这个过程中会产生电。利用这个原理发电的装置被称为燃料电池。

与化石燃料不同，燃料电池所用燃料是大量存在于我们周围的氧和氢。燃料电池发电效率非常高，且发电后释放的只有水，不像火力发电那样释放二氧化碳等温室气体或氮氧化合物等有害物质。因此，最近氢燃料电池作为一种清洁的下一代能源备受关注。

氢燃料电池工作原理①

2 分解出的电子从燃料极通过导线移动到空气极（阳极）。

氧原子与移动到空气极（阳极）的电子结合，形成氧离子。

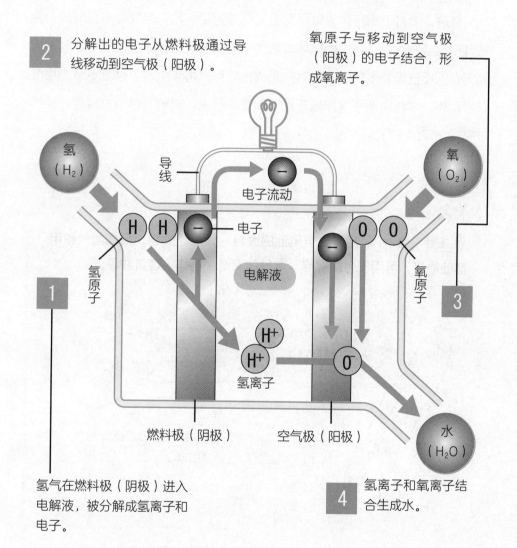

1 氢气在燃料极（阴极）进入电解液，被分解成氢离子和电子。

4 氢离子和氧离子结合生成水。

① 此处的表述与国内一些资料的表述不尽一致。——编者注

燃料电池引领的环保社会

目前，燃料电池已作为家用发电系统得到了应用。燃气公司提供的一种燃料电池系统，就是通过处理城市燃气来提取氢气，再通过氢气与空气中的氧气发生反应来发电的。发电时产生的热能可以用来烧水，也就不会产生浪费。此外，燃料电池还被应用于汽车制造等行业，以普及燃料电池为目标的研究正在持续进行。

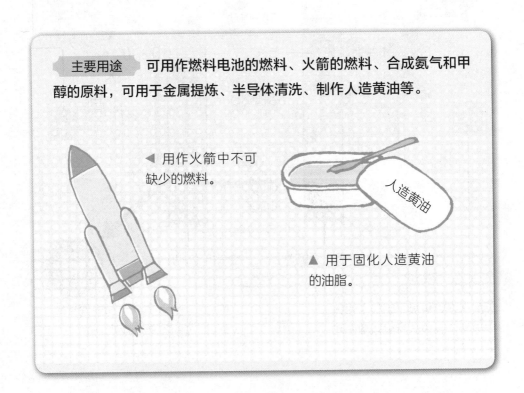

主要用途 可用作燃料电池的燃料、火箭的燃料、合成氨气和甲醇的原料，可用于金属提炼、半导体清洗、制作人造黄油等。

◀ 用作火箭中不可缺少的燃料。

人造黄油

▲ 用于固化人造黄油的油脂。

惠及所有人的核聚变

氢元素是太阳的主要成分，在高温和高压状态下，氢的原子核发生聚合作用，生成氦原子，并产生巨大的能量，这种聚合作用被称为核聚变。提到"核"，人们可能总会产生负面想法，其实人类从太阳得到的光和热，都是核聚变带来的恩惠。

第二次世界大战以后，人们利用氢进行核聚变的实验一直持续，期望通过人工方式获取核聚变产生的能量。然而，从技术上讲，维持引发核聚变所必需的高温、高压状态是非常困难的，实际应用中取得成功的只有核武器之一的氢弹。因而，非常遗憾，以核聚变产生的能量作为新能源，还没能实现实用化。不过，目前世界各国仍在进行持续研究，如进行合作，共同开发实验用核聚变反应堆等。

2 He 氦 *Helium*

非金属元素

稀有气体

- 原子量：4.003
- 颜色：无色
- 熔点：−272.2℃
- 来源：天然气（地下）
- 形态：气体
- 密度：0.1785 kg/m³
- 沸点：−268.934℃

 ## 在绝对零度左右液化，作为冷却剂应用于众多领域

氦在常温下为气体，属于稀有气体，较难与其他物质发生反应。其熔点和沸点在所有元素中最低，接近绝对零度（−273.15°C），因此液氦可以用作各种物质的冷却剂。

此外，液氦还可以作为超导磁体的低温源。一些金属和化合物冷却至极低温度时，电阻就变为零，非常容易导电，这种状态被称为超导态。使用液氦，就有可能使这些物质进入超导态，以很少的电流制成强电磁体。

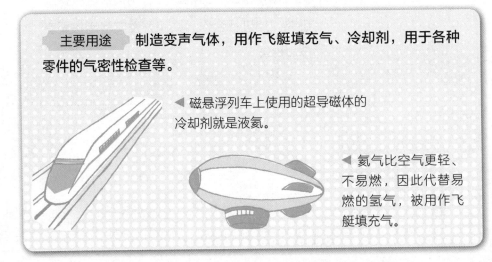

主要用途 制造变声气体，用作飞艇填充气、冷却剂，用于各种零件的气密性检查等。

◀磁悬浮列车上使用的超导磁体的冷却剂就是液氦。

◀氦气比空气更轻、不易燃，因此代替易燃的氢气，被用作飞艇填充气。

3 Li 锂 *Lithium*

金属元素　碱金属　稀有金属

- 原子量：6.941
- 颜色：银白色
- 熔点：180.54℃
- 形态：固体
- 密度：534 kg/m³
- 沸点：1 347℃
- 来源：锂云母、锂辉石等矿物，海水

拓展电池新领域的锂离子电池

锂被广泛用于制造锂离子电池。锂离子电池是电子设备不可缺少的二次电池（充电电池）。目前，人们正在研究如何实现锂离子电池的小型化、大容量化，并在部分电动汽车上使用了研究出的新品。

预计今后对锂的需求会不断增长，但其产出国很有限。据说，海水中溶有2 300亿吨锂。为此，日本为了获得稳定的供给，正在研究如何从海水中提取锂。

主要用途　制造锂离子电池、生产抑郁症治疗药物等。

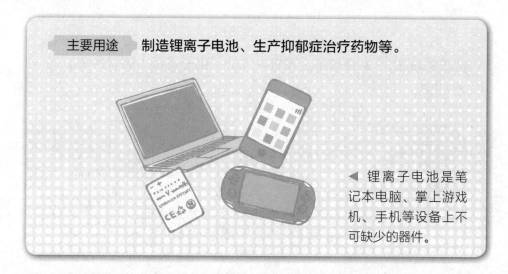

◀ 锂离子电池是笔记本电脑、掌上游戏机、手机等设备上不可缺少的器件。

4 Be 铍 *Beryllium*

 金属元素

 碱土金属

 稀有金属

- 原子量：9.012
- 颜色：银白色
- 熔点：1 282℃
- 形态：固体
- 密度：1 847.7 kg/m³
- 沸点：2 970℃
- 来源：绿柱石、金绿宝石等矿物

应用于众多领域，但毒性很强

铍主要被用于制造铍铜合金。铍铜合金具备铜的高导热性和导电性，还具有高强度和柔软性，因此被广泛用作各种电子设备的开关和连接器的导电弹簧。此外，铍铜合金在经受摩擦或撞击时不易产生火花，所以也用作防爆工具的原材料，应用于处理易燃物（引火或防止爆炸）的场所。

另一方面，铍的毒性很强，吸入铍的粉末后，人体细胞会受到破坏，甚至可能导致死亡。因此，在使用与铍相关的物品时要格外小心。

主要用途 制造汽车、飞机、火箭、电子设备（铍铜合金）、X光机等。

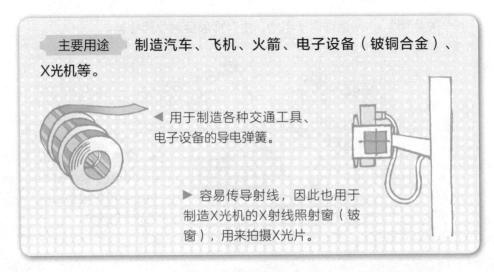

◀ 用于制造各种交通工具、电子设备的导电弹簧。

▶ 容易传导射线，因此也用于制造X光机的X射线照射窗（铍窗），用来拍摄X光片。

5 B 硼 *Boron*

半金属元素

硼族元素

稀有金属

- 原子量：10.81
- 颜色：黑色
- 熔点：2 300℃
- 形态：固体
- 密度：2 340 kg/m³
- 沸点：3 658℃
- 来源：硼砂、钠硼解石（电视石）等矿物。

⚛ 抑制核裂变的核电站法宝

硼易吸收中子，因此核电站将其化合物用作控制核反应堆核裂变的控制棒或冷却剂等。在日本福岛县第一核电站核泄漏事故中，为了抑制已使用的核燃料发生核裂变，使用了大量的硼酸。

此外，我们日常用到的蟑螂药（硼酸丸）、滴眼液等也使用了硼。氮化硼在高温、高压下变得极为坚硬，被用作钢材的研磨剂。

主要用途 制造中子吸收剂、硼酸丸、滴眼液、研磨剂、火箭零件、断热材料、耐热玻璃等。

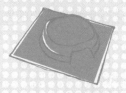
▼ 硼酸具有毒性，蟑螂吃下硼酸丸后会因细胞被破坏而死亡。

▶ 将报纸加工成纤维状，再加入硼酸可制成再生纤维素纤维。再生纤维素纤维可作为住宅隔热材料。

6 C 碳 *Carbon*

半金属元素　　碳族元素　　必需元素

- 原子量：12.01　　　　■形态：固体
- 颜色：无色（如钻石）或黑色（如石墨）
- 密度：3 513 kg/m³（钻石）、2 250 kg/m³（石墨）
- 熔点：3 550℃　　　　■沸点：4 800℃（钻石）
- 来源：煤炭、石油等化石燃料，二氧化碳，生物体等

小测试　支撑纳米技术的碳的同素异形体叫什么？

① 富勒烯　② 胶原蛋白　③ 碳

（答案：①）

与人的生命活动及文明密切相关的重要元素

碳是与生命活动密切相关的必需元素。碳以生命活动所必需的蛋白质、脂肪、碳水化合物等形式存在于所有的生物的体内。人体成分的23%都是碳。

自古以来，碳就是人类不可缺少的物质。含碳元素的木炭，是质量很高的燃料，通过烧干木料就可以制成，史前人类就开始使用木炭取暖或烹饪食物。16世纪中叶，英国人利用碳的单质石墨发明了铅笔。19世纪后半叶发明的干电池，其正极碳棒外包物之一就是石墨，碳与人类文明的关联十分密切。

现在，包括石墨在内，众多碳的同素异形体或化合物在生活中的方方面面得到应用。可以说，碳是丰富了人类生活的元素。

碳化合物支撑着地球上的生命活动

有机物一定是含碳元素的化合物，但含碳元素的物质不一定是有机物，如二氧化碳和木炭等含碳元素的物质就属于无机物。大多数不含碳元素的化合物和单质可总称为无机物。

有机物主要是碳与氧、氢、氮、钙、磷、硫等元素结合而成的化合物，是构成一切生物的基础。只是，动物无法自行合成有机物，只有植物能够以无机物为原料合成有机物。因此，动物通过食用植物，或食用食用过植物的动物来摄取有机物，满足生存需要。

植物和动物死亡后，其尸体和排泄物经真菌和细菌分解后变成二氧化碳等无机物，随后被植物合成有机物，然后又被动物摄入体内。碳在无机物和有机物两种形式中循环流转，支撑着地球上生物的生命活动。

富勒烯开创纳米技术的未来

20世纪末，除石墨和钻石以外，人们还发现了碳的各种同素异形体，富勒烯就是其中之一。富勒烯是由60个碳原子组成的管状或球状的碳的同素异形体。纳米技术研究者正在尝试利用富勒烯的这种形状，研制出能减轻摩擦的润滑剂。此外，在转基因技术中，如果将转基因时需要使用的病毒替换成富勒烯，就有可能更安全地实现人工转基因。相关研究目前正在进行中。

此外，碳纳米管是一种由碳原子构成的同轴圆管，管壁呈网状。它是一种富勒烯，具有非常高的强度，可用来制造对强度有一定要求的建筑用线缆和复合材料。

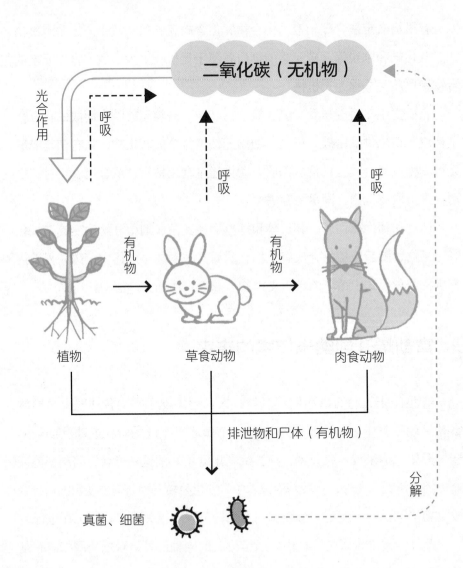

主要用途 制造铅笔芯、干电池的电极、珠宝饰品、研磨剂、燃料、汽车及飞机的零件、体育用品等。

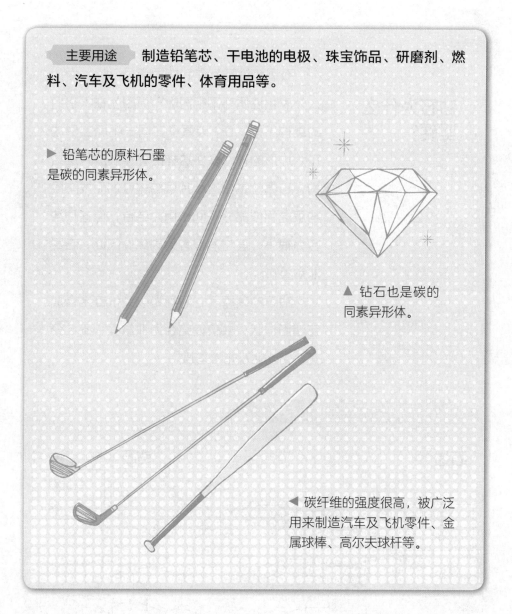

▶ 铅笔芯的原料石墨是碳的同素异形体。

▲ 钻石也是碳的同素异形体。

◀ 碳纤维的强度很高，被广泛用来制造汽车及飞机零件、金属球棒、高尔夫球杆等。

钻石为什么坚硬？

石墨和钻石都是碳的同素异形体，为什么外表和性质都不相同呢？原因就在于它们的结构不同。6个碳原子在同一平面上形成正六边形的环，众多这样的环伸展成片层结构，石墨就是由这种片层结构叠加而成。层与层之间依靠分子间作用力结合，但这种结合力很小，层与层很容易剥离。因此，石墨非常柔软。

钻石的碳原子之间则是以共价键结合成正四面体状，共价键结合力非常强，不会分离，因此钻石非常坚硬。

石墨和钻石的晶体结构

石墨

钻石

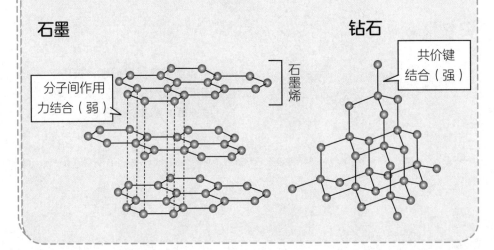

分子间作用力结合（弱）

石墨烯

共价键结合（强）

7 N 氮 *Nitrogen*

非金属元素

氮族元素

必需元素

- 原子量：14.01
- 颜色：无色
- 熔点：−209.86℃
- 来源：大气、生物体（氨基酸、蛋白质等）
- 形态：气体
- 密度：1.2506 kg/m³
- 沸点：−195.8℃

氮气是能令人窒息的气体吗？

氮气约占大气成分的78%，氮元素是人体维持活动所不可缺少的元素之一，蛋白质的基本组成单位氨基酸中尤其富含这种元素。

氮元素于1772年被发现。英国化学家丹尼尔·卢瑟福（Daniel Rutherford）和瑞典化学家卡尔·威尔海姆·舍勒（Karl Wilhelm Scheele）相继从空气中成功地分离出氮元素。事实上，在同一时期更早些时候，英国化学家卡文迪许就已成功地分离出氮元素，但是由于他当时并未公开发表研究成果，所以现在大家称丹尼尔·卢瑟福和舍勒是氮元素的发现者。

氮的英文名"Nitrogen"是由希腊语中意为"形成硝石的元素"一词演变而来。如果室内充斥着大量的氮气，就会引起生物缺氧，因此德语中氮元素一词的意思是"令生物窒息的物质"。日语的氮写作"窒素"，是由德语翻

◀ 丹尼尔·卢瑟福（右）和舍勒（左）
两人几乎在同一时间成功分离出氮元素。

译而来的。

氮气可以从空气中不限量地提取

　　氮气在-195.8°C下会变为液体，被称为液氮。液氮所需的氮气，可以从空气中大量提取。液氮作为冷却剂被应用于众多领域，如化学实验、食品冷冻、血液冷藏、未爆炸的子弹和炮弹的处理等。

　　此外，氮气还被用于合成氨、制造氮肥，以及用作轮胎的填充气等。

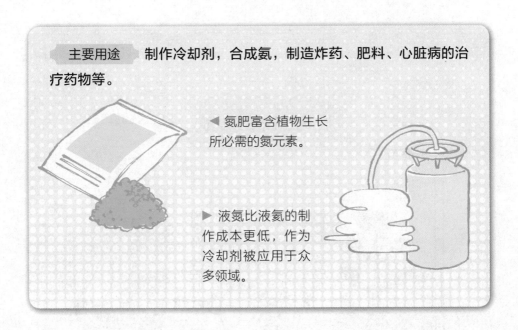

主要用途 制作冷却剂，合成氨，制造炸药、肥料、心脏病的治疗药物等。

◀ 氮肥富含植物生长所必需的氮元素。

▶ 液氮比液氨的制作成本更低，作为冷却剂被应用于众多领域。

联系生命的氮循环

对生物来讲，氮元素是非常重要的一种元素。然而，虽然空气中含有大量的氮气，但是植物和动物并不能直接利用它们。

生长于豆科植物根部的根瘤菌等部分生物能够直接利用空气中的氮气。根瘤菌吸收氮气后，将氮气转化为植物可以吸收的铵离子或硝酸根离子等（固氮）。植物从根部吸收这些离子，再合成氨基酸和蛋白质等。动物则通过食用这些植物或食用了这些植物的动物来摄取氨基酸和蛋白质。

综上所述，氮元素就是这样在地球上的生物体内循环，从而将生命联系在一起。这种机制叫作氮循环。

氮循环机制

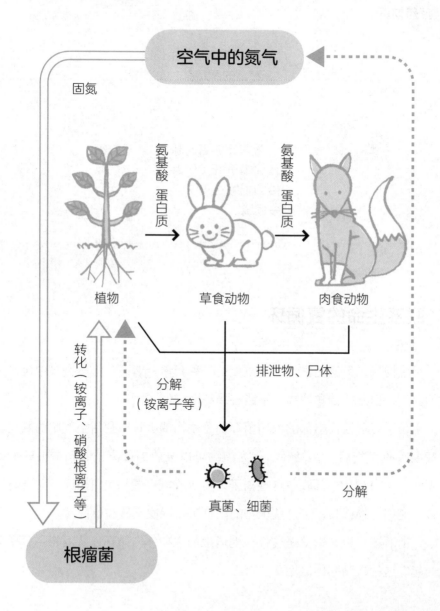

诺贝尔奖与氮元素有意想不到的关系

诺贝尔奖的设立者是瑞典化学家、实业家阿尔弗雷德·诺贝尔（Alfred Nobel）。他因发明并销售炸药而积累起巨额财富。这是众所周知的事情，但很少有人知道，诺贝尔发明的炸药，其原料硝化甘油就是氮的化合物。

大家所熟知的具有强大爆炸力的硝化甘油，是由诺贝尔的熟人、意大利化学家阿斯卡尼奥·索布雷洛（Ascanio Sobrero）于1846年发明的。索布雷洛将氮的化合物硝酸与硫酸、甘油混合，偶然地合成出硝化甘油。但是，硝化甘油非常难操控，连发明者索布雷洛都没能将其投入实际应用。

1863年，从事火药和炸药研究的诺贝尔使用起爆装置成功地引爆了硝化甘油炸药。不久，他又在硝化甘油中加入硅藻土，消除了移动风险，从而研制出了新型炸药。其后，他还将硝化甘油凝胶化，研制出了胶质炸药，最大限度地提升了硝化甘油的爆炸强度。

诺贝尔的事迹已经广为人知。追溯起来，诺贝尔奖的诞生可以说是与氮的化合物相关的发明有关。

▲ 阿斯卡尼奥·索布雷洛

8 O 氧 *Oxygen*

非金属元素

氧族元素

必需元素

- 原子量：16.00
- 颜色：无色
- 熔点：−218.4℃
- 来源：大气、水
- 形态：气体
- 密度：1.429 kg/m³
- 沸点：−182.96℃

小测试　保护人体不受紫外线伤害的氧的同位素是什么？

① 氟利昂　② 甲烷　③ 臭氧

（答案：③）

生命必需的氧是由植物生产出来的

氧元素是人类生命活动中不可缺少的元素。人吸入空气中的氧后，通过将体内的葡萄糖等供能物质彻底氧化分解来提供维持生命所必需的能量。

地球上最初并没有氧气。太古时期，地球大气的主要成分是水蒸气、二氧化碳、氮气、氯化氢等。大约32亿年前，最早的蓝藻类植物诞生，它们利用二氧化碳进行光合作用。通过光合作用，空气中的氧气逐渐增加。在距今约4亿年时，地球大气中的氧气占比与如今基本相同。现在大气中的氧气，是经历数十亿年时间，由植物生产出来的。

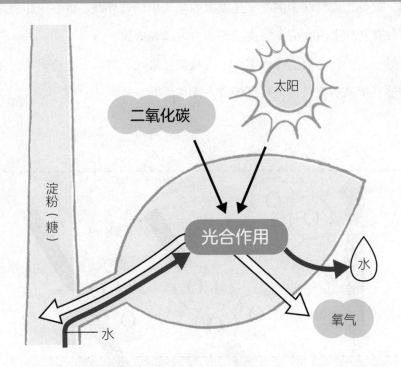

植物光合作用图解

太阳

二氧化碳

光合作用

淀粉（糖）

水

水

氧气

▲ 光合作用是指植物的叶绿素在光的照射下，将水和二氧化碳合成淀粉（糖）等有机物质并放出氧气的过程。

 ## 有益？有害？臭氧的双面孔

通常情况下，氧分子是由两个氧原子结合形成的。不过，有时3个氧原子也会结合在一起形成单质，它就是臭氧。

臭氧是有刺鼻气味的气体，易氧化周围的物质，具有杀菌、消毒、除臭、除有机物等用途，在自来水杀菌、半导体工厂基板清洗等操作中都得到应用。此外，大气层中的臭氧还能吸收阳光中的紫外线，能在一定程度上保护居住在地球上的我们免得皮肤癌和白内障等疾病。

另一方面，臭氧的毒性很强。人从口鼻吸入臭氧后，它会对神经系统和呼吸器官带来伤害，甚至有可能致人死亡。

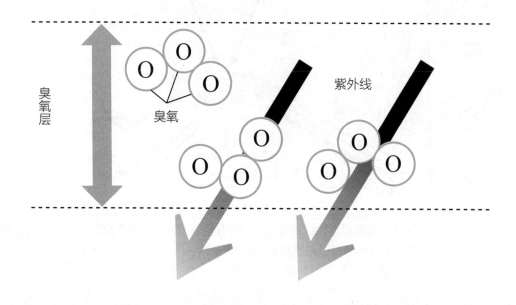

▲ 臭氧吸收紫外线，保护人类不易得皮肤癌。

与所有物质形成氧化物

氧是ⅥA族元素。氧原子外层电子较稳定状态少两个，因此，氧原子具有获得电子的特性，容易与其他物质发生反应。

氧和其他物质化合被称为氧化，氧化形成的物质就是氧化物。金属生锈、食品放久了味道发生变化都是因为发生了氧化。此外，人的衰老也是因为细胞内的各种物质发生了氧化。

在氧化过程中，产生火焰的剧烈氧化叫作燃烧。物质燃烧是该物质与氧发生了剧烈反应。没有氧，物质是无法燃烧的。氧在物质燃烧中发挥的作用被称为助燃性。

▲ 物质燃烧是物质与氧发生化合反应。

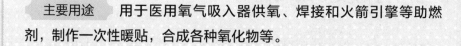

主要用途 用于医用氧气吸入器供氧、焊接和火箭引擎等助燃剂，制作一次性暖贴，合成各种氧化物等。

◀ 一次性暖贴的发热原理是金属发生氧化。

▶ 氧气吸入器是医疗领域不可缺少的设备。

被应用于多个领域的液氧

利用氧易燃的性质，在钢铁业的焊接作业中液氧被用作助燃剂；在航天业中，液氧被用作火箭引擎燃料（氢）的助燃剂。

此外，在化工业中，氧气被用来生产氧化镁、氧化钛等各种氧化物。我们日常生活中使用的一次性暖贴，其发热原理就是金属发生氧化。暖贴中含有的铁粉接触空气中的氧气发生氧化，从而产生热量，温暖身体。

臭氧层空洞
和氟利昂

光合作用产生的氧气会升到高度为11km以上的平流层，变成臭氧，并形成臭氧层。20世纪80年代，人类发现部分臭氧层遭到了破坏，形成臭氧层空洞。

臭氧层遭到破坏的主要原因是空调行业使用氟利昂（碳、氢、氟、氯、溴等元素的化合物）作为制冷剂。为防止臭氧层空洞进一步扩大，现在氟利昂类气体已被限制使用，但是要使臭氧层空洞缩小，预计需要很长的时间。

9 F 氟 *Fluorine*

非金属元素

卤族元素

- 原子量：19.00
- 颜色：淡黄色
- 熔点：-219.62℃
- 形态：气体
- 密度：1.696 kg/m³
- 沸点：-188.14℃
- 来源：萤石、冰晶石、氟磷灰石等矿石。

 家庭用品、牙科治疗中均用到的常见元素

氟是ⅦA族元素，即卤族元素。其原子外层电子较稳定状态少1个，因此容易获得电子变成阴离子，氟元素容易与其他元素发生反应。

氟可以促进牙齿再矿化，因此被广泛用于牙科治疗。氟的化合物非常稳定，一种氟树脂常被用作锅的涂层。此外，氟还被用来浓缩核能发电燃料铀-235。

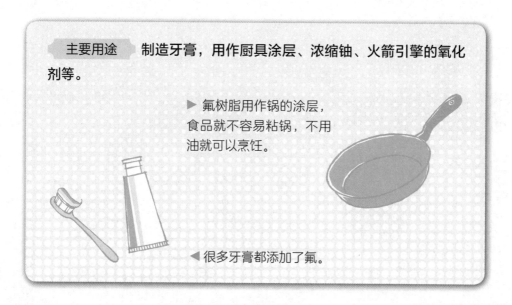

主要用途 制造牙膏，用作厨具涂层、浓缩铀、火箭引擎的氧化剂等。

▶ 氟树脂用作锅的涂层，食品就不容易粘锅，不用油就可以烹饪。

◀ 很多牙膏都添加了氟。

10 Ne 氖 *Neon*

非金属元素

稀有气体

- 原子量：20.18
- 颜色：无色
- 熔点：−248.67℃
- 来源：大气
- 形态：气体
- 密度：0.8 999 kg/m³
- 沸点：−246.05℃

装点夜间街道的魅惑元素

氖元素是1898年英国化学家威廉姆·拉姆赛（William Ramsay）对液态空气进行分馏时发现的，他在莫里斯·特拉弗斯（Morrice Travers）的帮助下明确了氖气的性质。

氖气一般用作招牌上霓虹灯的发光体。其实，在常温下氖气是无色的气体。霓虹灯发出的色彩鲜艳的光并非氖气本身发出的光，而是氖气被封入玻璃管中导电时才发出的光。另外，氖元素的结构很稳定，基本上不会发生化学反应。将氖和氧混合制成人工空气，可以用于大深度潜水[1]。

主要用途 制造霓虹灯、避雷设备、人工空气等。

▲ 一般情况下，氖气发出红光，但混合其他种类的稀有气体后可发出各种颜色的光。

▶ 高压电流在氖气中容易通过，因此在避雷设备中多使用氖气，以便将闪电过程中的电导向地面，从而保护电子设备。

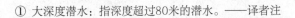

① 大深度潜水：指深度超过80米的潜水。——译者注

1 第1周期、第2周期元素

Q1 实验时，在稀硫酸中加入什么物质可提取氢气？

① 钠　② 金　③ 铁　④ 银

Q2 将导体在液氦中冷却至极低温度，电阻会变为零。这种现象叫作什么？

① 超流动　② 超振动　③ 超阻
④ 超导

Q3 日本正在研究从某种物质中回收贵金属锂。这种物质是什么？

① 海水　② 空气　③ 熔岩　④ 木材

Q4 铍与某种金属结合形成的合金兼具高导电性、高强度和高柔软度，这种合金是什么？

① 铍铁合金　② 铍铜合金
③ 铍银合金　④ 铍金合金

Q5 硼被用作制造我们身边常见的哪种物质？

① 漱口水　② 平底锅的涂层
③ 衣物的柔顺剂　④ 除蟑螂药

Q6 在数量众多的碳的同素异形体中，碳原子呈球状排列的是哪种物质？

① 钻石　② 石墨　③ 富勒烯
④ 碳纳米管

Q7 诺贝尔因发明和销售炸药而积累了巨额财富。那么，发现了炸药原料硝化甘油的是谁？

① 舍勒　② 索布雷洛　③ 卢瑟福
④ 卡文迪许

Q8 氧的同素异形体臭氧，其分子是由几个氧原子结合形成的？

① 1个　② 2个　③ 3个　④ 4个

Q9 氟被广泛用于各个领域，包括以下哪个领域？

① 牙膏　② 蛋黄酱　③ 画具　④ 理发

Q10 没有混合其他物质的氖气发光呈什么颜色？

① 绿　② 蓝　③ 黄　④ 红

☞ 答案见第233页。

第3周期

11 Na 钠 *Sodium*

金属元素

碱金属

必需元素

- 原子量：22.99
- 颜色：银白色
- 熔点：97.81℃
- 形态：固体
- 密度：971 kg/m³
- 沸点：883℃
- 来源：岩盐、智利硝石、天然碳酸钠、硼砂等

小测试 常用于生活用品中的钠，还有什么让人意想不到的用途呢？

① 汽车电解液　② 隧道照明灯　③ 食品冷却剂

（答案：②）

 隧道照明灯发出的光线颜色，是钠元素才呈现的颜色

钠元素是人体的必需元素之一。钠元素在人体内以钠离子的形式存在，起到帮助将外部刺激转化成电信号传达给神经的作用。此外，钠元素还承担着调节体内水分和渗透压的重要作用。

钠的单质是银白色的金属。因为非常容易与空气、水等发生化学反应，所以在自然界中钠几乎不能以金属形态存在，基本上是以化合物的形态存在。其化合物在燃烧时，火焰会呈现黄色（焰色反应）。人们用钠灯作为隧道照明灯，利用的就是钠的化合物的这种特性。

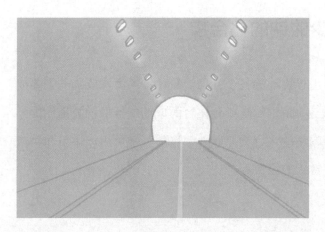

◀ 钠灯的特点是，发出的光线呈黄色，与白光灯发出的光线相比，钠灯发出的光线在雾和沙尘中的穿透力强，非常适合在寒冷地带使用。钠灯不会发出紫外线，所以不招诱飞虫。这些都是它的优点。

主要用途　钠的化合物可制作食盐、调味料、泡打粉、小苏打、肥皂、沐浴剂、化学药品等，可用作钠灯的电光源、原子反应堆的冷却剂等。

▼ 自古时起，含有钠元素的小苏打就用于制造肥皂、沐浴剂等。这些物品在被使用时起泡沫，就是钠元素起的作用。

食盐

▲ 钠的化合物可精制成调味料。

肥皂

生活中不可缺少的钠的化合物

钠的化合物被广泛应用于生活的各个方面。氯化钠（海水咸味的主要成分）是食盐的主要原料，与海带的鲜味成分化合而成的谷氨酸钠被用作提鲜调料，它们都是大家熟知的钠的化合物。此外，碳酸氢钠可用作烘焙面包或点心时使用的泡打粉、苏打水的原料等。

**元素
话题**

**钠可用于
制造药品**

日语"钠"来自音译德语，德语 "钠"则源于拉丁语"natoron"（碳酸钠），英语"sodium"（钠）则源于阿拉伯语"头痛药"一词。事实上，现在市面上销售的头痛药、镇痛剂等药品，很多都含有钠的化合物。

12 Mg 镁 *Magnesium*

金属元素

碱土金属

必需元素

■ 原子量：24.31
■ 颜色：银白色
■ 熔点：648.8℃
■ 形态：固体
■ 密度：1 738 kg/m³
■ 沸点：1 090℃
■ 来源：水滑石、白云石、菱苦土、海水等

从促进光合作用到成为轻型合金的原材料

镁是包括人类在内的所有生物的必需元素，在蛋白质的合成和能量代谢中起到重要作用。植物进行光合作用必须有叶绿素参与，而镁是叶绿素的组成部分，在合成有机物中起到重要作用。

镁燃烧时发出白色强光，以前曾被用来制造镁粉闪光灯。现在，由镁与铝、锌等金属制成的合金因重量轻、易减缓振动等性质得到重视，被广泛用于制造飞机、汽车等的零部件，以及笔记本电脑、游戏机等精密设备的主机等。

主要用途 制造飞机、车辆、船舶的零部件及精密设备的主机，制作卤水等。

▲ 制造汽车结构零部件等时，用到重量轻、易减缓振动的镁合金。

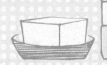

▶ 凝固豆腐使用的卤水，其主要成分是氯化镁。

卤水

13 Al 铝 *Aluminium*

金属元素

硼族元素

- 原子量：26.98
- 颜色：银色
- 熔点：660.32℃
- 来源：铝矾土等
- 形态：固体
- 密度：2 698.9 kg/m³
- 沸点：2467℃

⚛ 地壳中蕴藏量最多的金属元素

刚发现铝元素时，人类还没有研究出生产铝的方法，便将铝划分为贵重金属。不过，因为铝是地壳中蕴藏量最多的金属元素，加上后来人们又掌握了生产铝的技术，所以现在铝已经成为我们生活中常见的金属。

铝不仅重量轻且生产成本低，而且做成合金其强度会增强。在铝中加入铜、镁、锰等金属，就可以制成有名的硬铝合金，用作制造箱包、飞机等使用的器材。

主要用途 制造硬币、铝箔、铝罐、厨具、电子医疗设备的主机、飞机器材、航空服等。

▶ 铝耐低温，可以反射光和热，也被用来制造航空服。

◀ 导电性强，99%的高压输电线都是用铝制造的。

14 Si 硅 *Silicon*

半金属元素

碳族元素

- 原子量：28.09
- 颜色：暗灰色
- 熔点：1 410℃
- 来源：石英等
- 形态：固体
- 密度：2 329.6 kg/m³
- 沸点：2 355℃

✺ 支撑电子工业技术的元素

硅具有半导体性质。在常温下，半导体是导电性能介于导体（铜、铝等）和绝缘体（橡胶、玻璃等）之间的材料，可以因周围环境和条件的改变而变成导体或绝缘体。

二极管、晶体管等半导体器件就是利用这种性质起到只将电流导向一个方向的整流作用，以及增强电流的作用等。如今，半导体器件已经成为电子设备不可缺少的零件。

主要用途 制造半导体、太阳能电池、玻璃、干燥剂、橡胶、树脂、软性隐形眼镜等。

▶ 硅的化合物聚硅酮耐热、耐药且质地柔软，除了用来制造橡胶，还可以用来制造化妆品、油等。

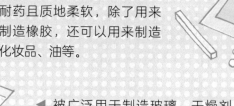

◀ 被广泛用于制造玻璃、干燥剂（硅胶）等。

15 P 磷 *Phosphorus*

非金属元素　氮族元素　必需元素

- 原子量：30.97
- 颜色：无色、铁灰色、暗紫色等
- 密度：1 820 kg/m³（白磷）
- 熔点：44.1℃
- 来源：磷灰石等
- 形态：固体
- 沸点：280.5℃（白磷）

牙齿、骨骼、DNA等的必需元素

德国炼金术士亨尼格·布兰德（Hennig Brandt）通过蒸干人类的尿液提取了磷。磷元素是人体的必需元素之一。骨骼、DNA及与生成能量有关的ATP（腺苷三磷酸）等都含有磷。此外，它是植物生长不可缺少的元素，所以被用来制造肥料。

磷的单质有各种同素异形体。其中，白磷因毒性强而被用来生产农药和杀虫剂等，红磷因摩擦易起火而被用来制作火柴盒侧面的擦火皮等。

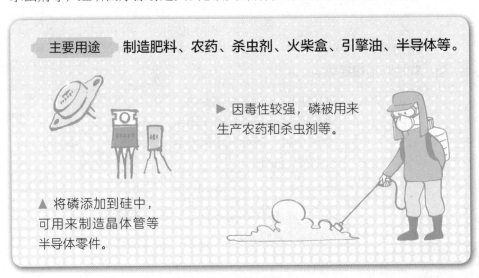

主要用途　制造肥料、农药、杀虫剂、火柴盒、引擎油、半导体等。

▶ 因毒性较强，磷被用来生产农药和杀虫剂等。

▲ 将磷添加到硅中，可用来制造晶体管等半导体零件。

16 S 硫 *Sulfur*

非金属元素

氧族元素

必需元素

- 原子量：32.07
- 颜色：淡黄色
- 密度：2 070 kg/m³（斜方晶系）、1957 kg/m³（单斜晶系）
- 熔点：112.8℃（斜方晶系）、119.0℃（单斜晶系）
- 沸点：444.674℃
- 形态：固体
- 来源：火山、温泉、洋葱、大蒜等

切洋葱时淌眼泪是因为硫吗？！

过去，人们在温泉或火山附近采集硫。火山气体中含有大量的硫化物，如硫化氢、二氧化硫等，它们经氧化冷却后可形成硫的结晶体。硫化物具有特殊的刺激性气味，如温泉地带特有的类似臭鸡蛋的气味，其主要成分就是硫化氢。此外，洋葱、大蒜等所具有的刺激性气味，也是因为这些蔬菜中含有硫化物。

令人意想不到的是，硫其实是人体的必需元素之一。氨基酸是蛋白质的基本组成单位，而硫是氨基酸的成分之一，在人体中发挥着重要作用。

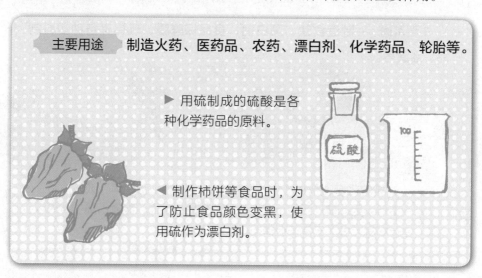

主要用途 制造火药、医药品、农药、漂白剂、化学药品、轮胎等。

▶ 用硫制成的硫酸是各种化学药品的原料。

◀ 制作柿饼等食品时，为了防止食品颜色变黑，使用硫作为漂白剂。

17 Cl 氯 *Chlorine*

非金属元素　卤族元素　必需元素

- 原子量：35.45
- 颜色：黄绿色
- 熔点：−101.0℃
- 来源：岩盐、海水等

- 形态：气体
- 密度：3.214 kg/m³
- 沸点：−33.97℃

用于给自来水消毒的常见元素

氯单质呈黄绿色的气体状态，与各种物质形成的化合物被广泛应用于各个领域。如次氯酸钙和次氯酸钠具有漂白、杀菌作用，因此用于自来水或泳池消毒等。氯化氢溶于水形成盐酸，盐酸可用于药物生产。

另一方面，部分氯的化合物对人体有害。如多氯联苯（PCBs）能致癌，曾经被广泛用于工业品生产，现在已被禁止使用。

主要用途 制造食盐、漂白剂、食品保鲜膜、玩具等各种塑料制品、盐酸等。

▲ 氯的化合物聚氯乙烯（PVC），其制造工艺简单，成本低，因此被广泛用于制造各种塑料品。然而，聚氯乙烯在燃烧时会产生毒性很强的二噁英。

18 Ar 氩 *Argon*

 非金属元素 稀有气体

- 原子量：39.95
- 颜色：无色
- 熔点：−189.3℃
- 来源：大气
- 形态：气体
- 密度：1.784 kg/m³
- 沸点：−185.8℃

☢ "懒惰者"一名的由来

氩气是大气中继氮、氧之后占比最多的气体。氩的名称来自希腊语"懒惰者"一词，这是因为氩难以与其他物质结合，"不结合=不工作"，所以被称为"懒惰者"。

氩气主要用作白炽灯、荧光灯等的填充气体。填充了氩气的灯具，内部环境稳定，发光效率高，寿命也长。此外，焊接金属时使用的氩弧焊，就是用氩气作为保护气体，以避免熔化的金属接触到空气。

主要用途 用作白炽灯、荧光灯的填充气体，焊接过程中的保护气体，医用激光等。

▲ 氩气除了可以填充白炽灯、荧光灯，还可以填充水银灯。

▶ 在氩弧焊中，为防止焊接部位氧化而影响品质，使用氩气作为保护气体。

19 K 钾 *Potassium*

金属元素　碱金属　必需元素

- 原子量：39.10
- 颜色：银白色
- 熔点：63.65℃
- 来源：花岗岩、钾盐等
- 形态：固体
- 密度：862 kg/m³
- 沸点：774℃

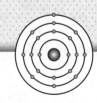

化学性质活泼，能在空气中自燃

英国化学家汉弗里·戴维（Humphry Davy）通过电解氢氧化钾成功地提取了金属钾。钾容易与其他物质发生反应，自然界中不存在钾的单质。人工提取的钾的单质接触空气中的氧气后会发生反应并燃烧。因此，需要将钾的单质浸泡在石油等物质中保存。

钾在人体中对神经信号的传导起重要作用。因此，人体含钾太少，会导致心律失常、呼吸困难等；长期缺钾，可引发高血压、脑卒中等。

 主要用途　制造肥皂、火药、漂白剂、肥料等，镀金等。

▲ 有利于促进植物的光合作用，常用于制造肥料。

▲ 普通的黑色火药中可使用硝酸钾作为助燃的氧化剂。

20 Ca 钙 *Calcium*

金属元素　　碱土金属　　必需元素

- 原子量：40.08
- 颜色：银白色
- 熔点：839℃
- 来源：大理石、石灰石、方解石、磷灰石等

- 形态：固体
- 密度：1 550 kg/m³
- 沸点：1 484℃

钙的化合物不仅能形成骨骼，还能支撑建筑物

提到钙，我们可能立刻联想到骨骼，因为钙的化合物磷酸钙是形成骨骼和牙齿的重要物质。

贝壳、珊瑚等堆积形成的石灰石、大理石等含有大量的碳酸钙。石灰石是日本少有的自给率达到100%的矿物之一，广泛用于制造水泥、土壤改良剂、灰泥、在操场上用来形成白线的画线粉等。此外，石灰岩结晶形成的大理石非常美丽，从古希腊时起就被用作贵重的建筑材料。

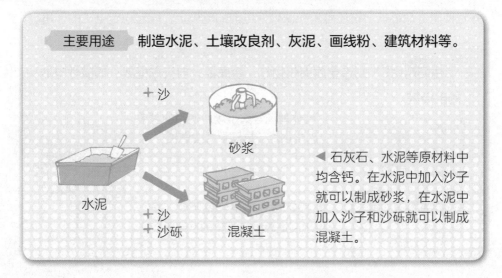

主要用途　制造水泥、土壤改良剂、灰泥、画线粉、建筑材料等。

◀ 石灰石、水泥等原材料中均含钙。在水泥中加入沙子就可以制成砂浆，在水泥中加入沙子和沙砾就可以制成混凝土。

21 Sc 钪 *Scandium*

金属元素　过渡元素　稀土元素

- 原子量：44.96
- 颜色：银白色
- 熔点：1 541℃
- 来源：钪钇石
- 形态：固体
- 密度：2 989 kg/m³
- 沸点：2 831℃

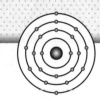

稀少但非常有用的元素

　　除钪元素不为大家所熟知外，位于ⅠA族、ⅡA族、ⅢB族和ⅣB族的元素，普遍知名度较高。因为钪的采集量较少且价格昂贵，所以过去一直没怎么引起人们的关注。随着近来研究者们明确了钪的各种用途，钪开始受到广泛关注。

　　钪元素最具代表性的用途是，其化合物被用作密集型照明使用的金属卤化物灯的填充物，如在这种灯内填充碘化钪，仅消耗少量电力就可以实现照明，并且使用寿命很长。钪还可用在镍碱性电池的电极上，能起稳定电压的作用。

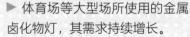

主要用途 制造金属卤化物灯、金属棒、自行车框架、镍碱性电池的电极等。

▶ 体育场等大型场所使用的金属卤化物灯，其需求持续增长。

◀ 铝钪合金重量轻且坚实，常用来制造高级自行车的框架等。

22 Ti 钛 *Titanium*

金属元素

过渡元素

稀有金属

- 原子量：47.87
- 颜色：银白色
- 熔点：1 660℃
- 来源：金红石、钛铁矿等
- 形态：固体
- 密度：4 540 kg/m³
- 沸点：3 287℃

坚实、轻盈，轻金属的代表

钛元素在地壳中的丰度排在第九位，在过渡元素中其储藏量仅次于铁。但是，由于精炼难度大，成本高，所以直到近几年钛才得到广泛应用。

钛合金重量轻，强度高，并且对药物的耐受性强，因而在很多领域得到了广泛应用。另外，钛作为一种超导材料也受到了关注。

二氧化钛吸收紫外线后可以分解有机物，具有光触媒的性质。利用这一性质，可以建造能够利用光来净化污染物的住宅外墙。

主要用途 制造眼镜框、手表、自行车零件、工具等，建造住宅外墙等。

▼ 二氧化钛具有超亲水性，可用来制造能使污渍浮在水面上的建材。

▲ 高级眼镜框大多用钛合金打造。

23 V 钒 *Vanadium*

金属元素　过渡元素　稀有金属

- 原子量：50.94
- 颜色：银白色
- 熔点：1 887℃
- 来源：钒钾铀矿、绿硫钒矿等

- 形态：固体
- 密度：6 110 kg/m³
- 沸点：3 377℃

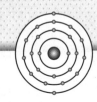

⚛ 应用前景值得期待的贮氢合金

钒是坚硬、耐高温、不易生锈的金属。处理化学药品等物品的工厂多使用钒来建造管道。重量轻且易加工的钒钢常被用来制造刀具、工具、涡轮发动机等。此外，钒还可以用作促进化学反应的催化剂，是制造很多化学药品所不可缺少的物质。

含有钒元素的贮氢合金具有大量存储氢的功能，人们正在开发其更多的实用功能。贮氢合金在氢燃料电池和火箭发动机等领域将有更好的应用。

主要用途 制造刀具、工具、涡轮发动机的涡轮、飞机零件等，用作制造化学药品的催化剂等。

▶ 含有钒的钛合金可用来制造飞机零件、火箭、人工牙根等。

◀ 性能优越的钒钢多用于制作刀具、工具等。

24 Cr 铬 *Chromium*

金属元素

过渡元素

稀有金属

必需元素

- 原子量：52.00
- 颜色：银色
- 熔点：1 860℃
- 来源：铬铁矿、红铅矿等
- 形态：固体
- 密度：7 190 kg/m³
- 沸点：2 671℃

防锈的镀层原料

铬坚硬、有光泽，表面能形成一层氧化膜，能防锈，所以可作为金属镀层原料。另外，铬合金可用来制造不锈钢。

铬的化合物有三价铬和六价铬，六价铬曾经用作金属镀层的原料，但由于其毒性太强，现已被限制使用。目前，用作金属镀层的原料是三价铬。此外，豆类和蘑菇中富含三价铬，它能够调节人体中的血糖值。

主要用途 镀铬，制造不锈钢等。

◀ 从机械零件到玻璃、塑料制品等，很多领域都用铬作为镀层。

▶ 宝石、矿石中也含有铬，红宝石的红色和祖母绿的绿色都是由铬致色的。

25 Mn 锰 *Manganese*

金属元素　过渡元素　稀有金属　必需元素

- 原子量：54.94
- 颜色：银色
- 熔点：1 244℃
- 来源：软锰矿等

- 形态：固体
- 密度：7 440 kg/m^3
- 沸点：1 962℃

 ## 锰结核将使日本成为资源大国？

锰比铁更硬、更脆。锰与铁组成的铁合金，具有高强度，是制造汽车、火车等不可缺少的原材料。

目前，日本虽然没有开采锰，但经调查发现日本近海的海底蕴含着大量的锰结核。将来如果掌握了有效开采这些锰结核的技术，就可以将被认为资源贫乏的日本变成世界上屈指可数的产锰大国。

主要用途　制造高强度钢、干电池等。

▲ 高强度钢比普通钢更薄，可以使汽车框架变得更轻。

▶ 用作锌锰电池、碱锰电池的正极材料。

26 Fe 铁 *Iron*

金属元素

过渡元素

必需元素

■原子量：55.85　　　　■形态：固体
■颜色：灰色　　　　　　■密度：7 874 kg/m³
■熔点：1 535℃　　　　■沸点：2 750℃
■来源：以铁矿石居多的多种矿物

 小测试　**只有铁原子才能完成的维持生命的重要活动是什么？**

① 调节血糖值　② 消化蛋白质　③ 运载氧

（答案：③）

铁协助红细胞将氧运载至人体的各个部位

铁元素是人体的必需元素之一。血液中的红细胞中含有一种叫作血红蛋白的蛋白质，其中含有铁元素。铁具有易氧化的性质，血红蛋白中的铁原子会与血液中的氧分子结合，由红细胞携带，通过血流将氧分子运载至全身，以供应能量。因此，如果人体缺乏铁元素，红细胞就难以将氧运载至人体的各个部位，人就容易贫血。

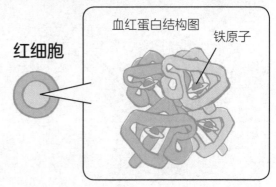

▲ 红细胞中的血红蛋白
血红蛋白中的铁原子与氧分子结合后，血红蛋白变成红色，所以血液是红色的。

古人从陨石中提炼铁？！

在金属之中，人类使用铁的历史悠久，仅次于铜。今人在公元前3000年左右的古埃及墓中就发现了铁器。关于最早的铁的来源，至今没有一个定论，常见的有炼铁起源说、陨铁（含有铁的陨石）起源说等。

公元前1500年后，以铁矿石为原料的冶炼技术被人们掌握，铁器在各地得到使用，后来被广泛用来制造农业机械和武器等。18世纪工业革命开始后，欧美国家建立了大规模的钢铁冶炼厂，铁作为建筑材料和机械零件得到大规模生产和使用。就这样，铁成了人们生活中不可缺少的物质。

◀ 陨铁主要是流星等的碎块，含有丰富的铁、镍等。古埃及人能利用陨铁制作装饰品。

铁的硬度和韧性取决于碳的含量

铁的质地坚固且开采量大，不仅被广泛用于制造建材、电子产品等，还被用于制造车辆、工具等，用途非常广。铁中碳的含量不同可以改变铁的强度，因此炼铁时只要精确地控制碳的含量，就可以满足多种用途和需求。

另一方面，铁容易发生氧化，氧化后就会生锈（变成氧化铁）。防止铁生锈的办法有：在铁的表面镀上一层锌等能防锈的镀层，或者将铁制成不锈钢等。

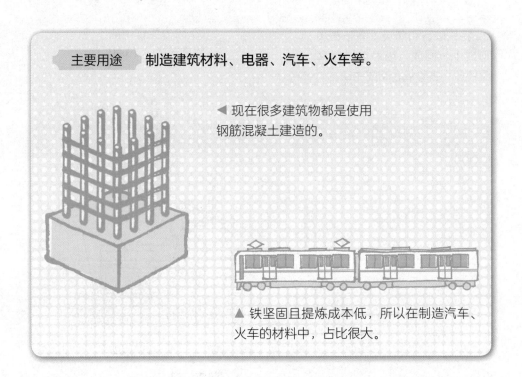

主要用途　制造建筑材料、电器、汽车、火车等。

◀ 现在很多建筑物都是使用钢筋混凝土建造的。

▲ 铁坚固且提炼成本低，所以在制造汽车、火车的材料中，占比很大。

炼铁过程

焦炭、铁矿石等

经过高温
还原

高炉

① 将铁矿石和焦炭（蒸干石炭
形成）一同放入熔炼炉进行高
温还原，去除氧，制成生铁。

氧气　注入氧气

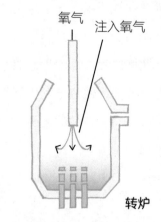

转炉

② 除去生铁中的不纯
物质和碳。（精炼）

钢水　　　　　钢材

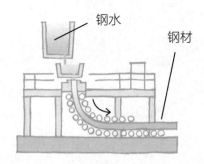

③ 放入模具中冷却，
制成钢材。

将地球变成磁石的铁

地核主要是由铁和镍元素构成的。这些物质呈熔融状态，受到地球自转的影响而流动并产生电流。这种电流又产生地磁场。指南针之所以指向南方，是因为在地磁场的作用下，北极一带成为S极（地磁南极），南极一带成为N极（地磁北极），地球就相当于一块巨大的磁石。

地球内部

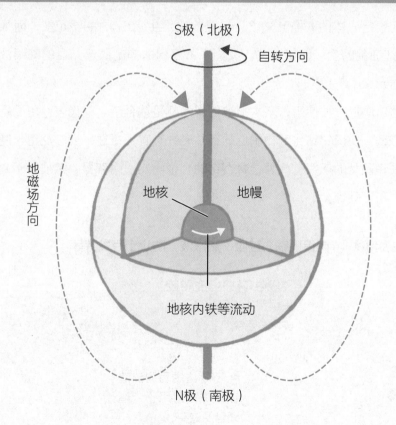

S极（北极）

自转方向

地磁场方向

地核　　　地幔

地核内铁等流动

N极（南极）

27 Co 钴 *Cobalt*

 金属元素

 过渡元素

 稀有金属

必需元素

- 原子量：58.93
- 颜色：灰色
- 熔点：1 495℃
- 来源：辉钴矿等矿物
- 形态：固体
- 密度：8 900 kg/m³
- 沸点：2 870℃

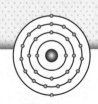

 ## 具有强磁性的磁铁原料

钴元素是人体的必需元素之一，是构成维生素B_{12}的主要元素，而维生素B_{12}与红细胞的生成密切相关。我们平常用到的抑制眼球充血的滴眼液中就含有钴元素。

钴的单质很少被使用，基本上被使用的都是钴合金。其代表性用途是用于制造磁铁。使用钐钴化合物制造的钐钴磁铁具有强磁性，被广泛用于制造电路开关和硬盘的磁头。此外，含有钴的合金耐热、耐摩擦，常被用于制造飞机零件和工具等。

主要用途 制造磁铁、硅胶、滴眼液，防止土豆发芽等。

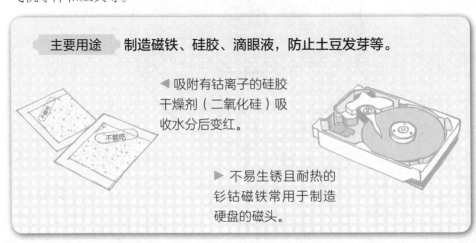

◀吸附有钴离子的硅胶干燥剂（二氧化硅）吸收水分后变红。

▶不易生锈且耐热的钐钴磁铁常用于制造硬盘的磁头。

由金属元素
带来的颜色

在金属等元素中，有些元素与其他元素或物质结合后形成的化合物会呈现鲜艳的颜色。这样的化合物及含有这些化合物的矿物曾经被人类制成颜料，用于作画等。尤其是中国，古人擅长使用矿物颜料绘制彩画。这种技法也漂洋过海传到了日本，为日本画所继承。

由金属化合物产生的代表性颜料

钴蓝
主要原料为钴与铝发生氧化反应生成的氧化铝钴，呈色泽艳丽的蓝色。

岩绿青
主要原料为铜与碳酸发生反应生成的孔雀石，呈深绿色。

岩群青
主要原料为铜与碳酸发生反应生成的蓝铜矿，呈鲜艳的蓝色。

群青
主要原料为钠、铝、硅等元素结合形成的青金石，呈紫蓝色。

印加玫瑰
主要原料为锰与碳酸发生反应生成的菱锰矿，呈粉红色。

银朱
用硫磺和汞制成的颜料，呈红色。

镉黄
使用硫化镉制成的颜料，呈明黄色。

铅白
使用铅制成的颜料，呈白色。

28 Ni 镍 *Nickel*

金属元素

过渡元素

稀有金属

- 原子量：58.69
- 颜色：银白色
- 熔点：1 453℃
- 来源：红土镍矿、硅酸镍矿等矿物
- 形态：固体
- 密度：8 902 kg/m³
- 沸点：2 732℃

小测试

镍的名称源自什么称谓？

① 恶魔　② 神　③ 妖精

（答案：①）

用于制造硬币的常用金属

镍具有良好的延展性（敲击、拉伸都不会损坏，可柔性变形），并且与铁、钴一样，都是铁磁性金属。镍主要用于制造合金。此外，由于镍有光泽、不易生锈、易加工，所以也被用来制造硬币或用作镀层金属。

镍矿石具有与铜矿石一样的红色，所以人们一度以为可以从这种镍矿石中提炼出铜。但是在提炼过程中产生了有毒气体，所以并未提炼成功。正因如此，这种矿石在德语中被命名为"铜之恶魔"（Kupfernickel）。后来，这种矿石中所含的元素便被命名为"Nickel"（镍）。

◀ 50日元和100日元硬币均使用白铜（75%的铜、25%的镍）制造、500日元硬币使用镍黄铜（72%的铜、20%的锌、8%的镍）制造。

改变形状也可以恢复原状的形状记忆合金原料

镍即使被改变了形状，只要调整温度也可恢复原状，可作为形状记忆合金的原料，相关需求如今正在不断增长。镍钛合金就是一种形状记忆合金，衬衣领、眼镜框等都常用这种合金制造；还可用于制造调节人造卫星上搭载的太阳能电池的弹簧。

另外，用于拍摄人体内部结构的核磁共振成像（MRI）设备中，就使用了含有磁性的镍铁合金作为防止漏磁的屏蔽材料。

主要用途 用于制造硬币、蓄电池、形状记忆合金、核磁共振成像设备等。

◀ 无绳电话使用的镉镍电池及混合动力汽车使用的镍氢电池等二次电池（蓄电池）均使用氢氧化镍作为电极。

29 Cu 铜 *Copper*

金属元素

过渡元素

必需元素

- 原子量：63.55
- 颜色：红色
- 熔点：1 083.4℃
- 来源：赤铜矿、黑铜矿、斑铜矿、孔雀石等矿物
- 形态：固体
- 密度：8 960 kg/m³
- 沸点：2 567℃

小测试 中国哪种硬币是用铜制造的？

①1元　②5角　③1角

（答案：②）

自由电子导致铜具有良好的导电性和导热性

铜属于IB族元素，与银、金等同族的金属一样，都具有良好的导电性和导热性。这与金属原子的电子排布有关，当金属结晶时，外层电子脱离母原子成为自由电子。自由电子的多寡会影响金属的导电性和导热性，数量越多，越具有良好的导电性和导热性。

另外，运动的自由电子起到连接各个原子的作用，使原子灵活、牢固地结合起来，从而具有即使受到外力作用发生变形也不容易损坏的性质（延展性）。因此，对这类金属容易进行塑形加工。

铜的特点

良好的导电性

良好的导热性

可灵活变形但很难损坏

 最早被人类使用的金属

自然界中存在的天然铜，只要对其进行简单的加工就可以用于生活的各个方面。因此，自古时起，铜就一直为人类所用。在伊拉克的一处遗迹中，人们发现了制造于公元前9000年左右的世界上最古老的铜制品。

随着技术进步，为增加铜制品的强度，人们熔融铜矿石并进行精炼，然后加入其他金属制成合金，如青铜（铜与锡的合金）、黄铜（铜与锌的合金）等。这些合金在世界各地被广泛用来制造装饰品、农具、武器等。

◀ 铜制品（铜铎、铜镜等）
青铜冶炼技术从弥生时代（公元前300—公元250年）起就从中国传入日本，铜铎、铜镜都是权威的象征，属于珍贵物品。

铜还被广泛用来制造厨房用品、工业机械等

铜具有优良的品质，且开采量很大，被广泛应用于各个领域。所以，它与铁、铝并列，都被划为基本金属（常用金属）。

由铜的单质制作的导线和散热片等，被广泛用于制造电器及其他工业品。此外，铜还常被用来制造炒锅、平底锅等厨具。

另一方面，铜容易生锈且质地较为柔软，所以不适用于制造对硬度有较高要求的物品。为了弥补这方面的不足，各种各样的铜合金被制造出来。如铬铜合金、铍铜合金等都是制造工业机械零件不可缺少的材料。

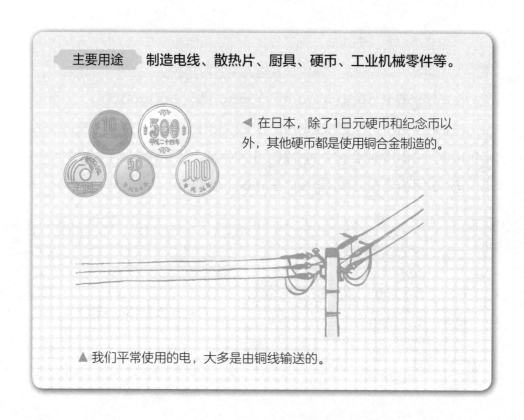

主要用途 制造电线、散热片、厨具、硬币、工业机械零件等。

◀ 在日本，除了1日元硬币和纪念币以外，其他硬币都是使用铜合金制造的。

▲ 我们平常使用的电，大多是由铜线输送的。

铜为什么是红色的?

铜与其他很多金属不同，是红色的。因此，铜也被称为"赤金"。铜之所以是红色的，与铜原子的电子运动和光的反射有着重要关系。

金属中自由运动的自由电子具有反射光的特性，由此金属就具有特殊的光泽（金属光泽）。多数金属的自由电子几乎能反射所有的光，这样一来，反射的光就会泛白，因此很多金属都呈现出银色。但是，铜的自由电子能吸收蓝光和绿光，主要反射红光，因此，铜就呈现出泛红的光泽。金看上去是金色的，其原理也是如此。

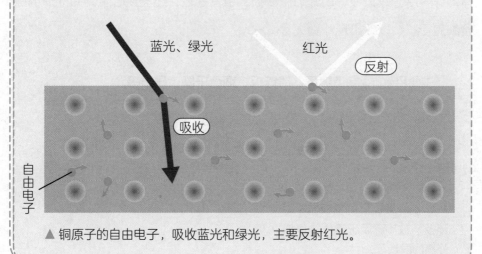

蓝光、绿光　　　　红光
（反射）
吸收
自由电子

▲ 铜原子的自由电子，吸收蓝光和绿光，主要反射红光。

30 Zn 锌 *Zinc*

 金属元素

 必需元素

- 原子量：65.41
- 颜色：蓝白色
- 熔点：419.53℃
- 来源：闪锌矿等矿物
- 形态：固体
- 密度：7 134 kg/m³
- 沸点：907℃

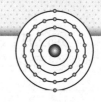

容易生锈却被用作镀层？！

锌是经常被用作镀层材料的金属。由于锌比铁更易氧化，因此在铁上镀锌，锌就会先生锈，从而起到防止铁生锈的效果。铜和锌的合金被称为黄铜，可用作制造硬币和一些乐器的材料。

此外，锌还关系着人体细胞的分裂及人体的遗传物质DNA的合成。人体缺锌容易导致血液中的红细胞受损，引发贫血，还会使舌上感知味道的味蕾细胞受损，以致出现味觉失常。

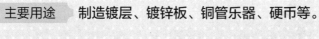

主要用途 制造镀层、镀锌板、铜管乐器、硬币等。

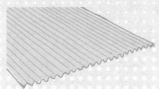

▲ 加有镀锌层的铁板被称为镀锌板，被广泛用于建筑物屋檐、外墙的建造等。

▶ 小号等铜管乐器多使用黄铜制造。

31 Ga 镓 *Gallium*

金属元素

硼族元素

稀有金属

- 原子量：69.72
- 颜色：蓝白色
- 熔点：27.78℃
- 来源：铝土矿、锌矿等矿物
- 形态：固体
- 密度：5 907 kg/m³
- 沸点：2 403℃

照亮世界的镓之光

镓主要用于制造半导体。使用镓制造的砷化镓半导体比使用硅制造的半导体发热少，所以常用作制造手机、电脑等的材料。此外，镓还是另一种广为人知的半导体——发光二极管（LED灯）的制造原材料。发光二极管节能效果好，只消耗少量电即可实现照明。

此外，镓的熔点很低，放在手心上就可熔化成液体。利用其液态宽温度范围的性质，可用来制造高温计。

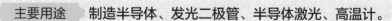

主要用途 制造半导体、发光二极管、半导体激光、高温计。

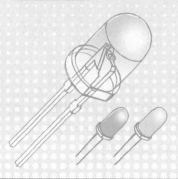

◀ 使用镓制造的二极管是电气产品不可缺少的零件。黄绿色和红色的二极管中分别使用了磷化镓、砷化镓，蓝色的二极管中则使用了氮化镓。

32 Ge 锗 *Germanium*

半金属元素

碳族元素

稀有金属

- 原子量：72.64
- 颜色：灰白色
- 熔点：937.4℃
- 来源：煤岩、羟锗铁石等矿物

- 形态：固体
- 密度：5 323 kg/m³
- 沸点：2 830℃

 ## 江崎玲于奈博士获得诺贝尔奖的契机就是研究锗

门捷列夫发明元素周期表时，人类尚未发现锗的存在，但门捷列夫在周期表中空出了锗的位置，并预言它一定存在。之后，人们发现了锗，也证实了门捷列夫元素周期表的正确性。

20世纪40年代刚刚问世的二极管和晶体管就是使用具有半导体性质的锗制造的。当时就职于东京通信工业株式会社（现索尼公司）的江崎玲于奈博士就是凭着对锗二极管的研究成果，在1973年获得了诺贝尔物理学奖。

主要用途 制造二极管、放射性检测仪、红外线成像设备等。

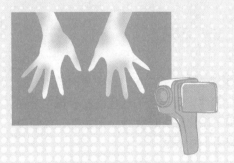

◀ 红外线可以穿透锗，所以锗被用来制造检测物体放出红外线的红外线成像设备的镜头等。

33 As 砷 *Arsenic*

半金属元素

氮族元素

■原子量：74.92
■颜色：灰色
■熔点：817℃
■来源：雄黄、鸡冠石等矿物

■形态：固体
■密度：5 780 kg/m³
■沸点：616℃

 是毒物亦是药，还是半导体材料

砷具有很强的毒性，进入人体后会阻碍蛋白质和酶工作，严重时可致人死亡。因此，过去砷常被用作毒药。

不过，砷也有十分有益的一面，现在的研究已经发现，砷对治疗白血病有一定的效果。此外，近年来，备受关注的砷化镓已成为性能强大的半导体材料，被广泛用作制造手机、电脑等电子设备的材料。

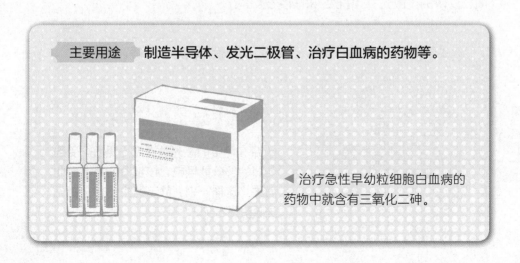

主要用途 制造半导体、发光二极管、治疗白血病的药物等。

◀ 治疗急性早幼粒细胞白血病的药物中就含有三氧化二砷。

34　Se　硒　*Selenium*

半金属元素　　氧族元素　　稀有金属　　必需元素

- 原子量：78.96
- 颜色：灰色
- 熔点：217℃
- 来源：制造硫酸、精炼铜时的副产物等
- 形态：固体
- 密度：4 790 kg/m³
- 沸点：684.9℃

✿ 复印机核心部位不可缺少的光导电效应

　　硒元素具有易与其他元素结合的特性，可以形成各种化合物。人体内一些抑制活性氧、起抗衰老作用的酶中就含有硒。硒元素也是人体的必需元素之一。

　　此外，硒也是一种半导体，并且具有光导电效应。光导电效应是指物体受到光照更容易导电的性质。利用这一性质，金属硒被广泛用于制造传真机、复印机、激光打印机使用的感光鼓等。

主要用途　制造复印机、激光打印机使用的感光鼓等。

◀ 带有静电的感光鼓受到光照后，受到光照的部分能导电，该部分的静电因此消失，这样一来，静电消失的部分就无法吸附墨粉了。

35 Br 溴 *Bromine*

非金属元素

卤族元素

- 原子量：79.90
- 颜色：红褐色
- 熔点：−7.2℃
- 来源：溴银矿等矿物、海水。

- 形态：液体
- 密度：3 122.6 kg/m³
- 沸点：58.78℃

成为日语"胶片"一词发音的来源

　　溴是少数在常温下为液体的元素之一，主要存在于海水中，人们所使用的溴也主要是从海水中提取的。溴有难闻的气味，有毒，皮肤接触后就会溃烂。溴还具有从周围物质的原子中夺取电子的强氧化性，容易与金属、有机化合物等发生反应。

　　溴主要被用来制造使物质不易燃烧的阻燃剂、胶片的感光乳剂等。日语"胶片"一词的发音，就来自溴的英文单词"Bromine"的发音。

主要用途 制造胶片的感光乳剂、阻燃剂、药品、水的净化剂等。

▶ 镇痛剂和镇静剂等许多药品都含有溴的化合物。

◀ 胶片感光乳剂主要使用溴化银制造。

36 Kr 氪 *Krypton*

非金属元素

稀有气体

- 原子量：83.80
- 颜色：无色
- 熔点：−156.66℃
- 来源：大气
- 形态：气体
- 密度：3.7493 kg/m³
- 沸点：−152.3℃

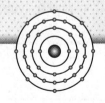

 氪性质稳定，被用作灯泡的填充气体

氪是位于0族的稀有气体，性质稳定，不易与其他物质发生反应，主要被用作灯泡的填充气体等。填充了氪气的氪气灯与填充了氩气等气体的白炽灯相比，具有不易传热、寿命长的特点。氪气也被用来制造照相机的闪光灯等。

此外，在1983年以前，都是以氪−86原子在真空中发出的光的波长为基准来确定长度单位"米"的。

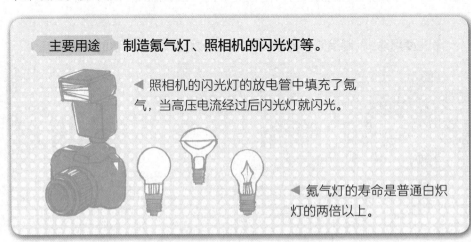

主要用途　制造氪气灯、照相机的闪光灯等。

◀ 照相机的闪光灯的放电管中填充了氪气，当高压电流经过后闪光灯就闪光。

◀ 氪气灯的寿命是普通白炽灯的两倍以上。

各元素发生不同的焰色反应

将含有碱金属元素、碱土金属元素等在内的化合物放入火焰中，就会显示各元素特有的颜色，这种反应就是焰色反应。我们身边常见的一个利用焰色反应的例子就是烟花。烟花之所以能呈现各种各样的颜色，就是因为在火药中掺入能够呈现焰色反应的化合物，例如：掺入锶的化合物，火焰就呈红色；掺入铜的化合物，火焰就呈蓝色；掺入钠的化合物，火焰就呈黄色；等等。

根据焰色反应，可以进行元素分析。

主要的金属焰色反应

I A 族元素（碱金属）		II A 族元素（碱土金属）		I B 族元素		III A 族元素（硼族元素）		V A 族元素（氮族元素）	
锂	深红色	钙	橙红色	铜	蓝绿色	硼	黄绿色	磷	淡蓝色
钠	黄色	锶	深红色			镓	蓝色	砷	淡蓝色
钾	淡紫色	钡	黄绿色			铟	靛蓝色	锑	淡蓝色
铷	暗红色	镭	洋红色			铊	淡绿色		
铯	蓝紫色								

第 3 周期、第 4 周期元素

Q1 利用硅的半导体性质制造的电子零件是什么?

① 电容器　② 晶体管　③ 电阻器
④ 马达

Q2 磷是通过对人体分泌的某种物质进行实验而发现的。这种物质是什么?

① 尿液　② 胃液　③ 汗液　④ 唾液

Q3 从温泉等喷出的蒸汽中富含哪种元素?

① 铜　② 铁　③ 硼　④ 硫

Q4 漂白剂（次氯酸钙）常用于给自来水和泳池等消毒,其中具有强大杀菌效果的元素是什么?

① 氯　② 氟　③ 溴　④ 氮

Q5 空气中继氮和氧之后含量最多的物质是什么?

① 氦气　② 氖气　③ 氩气　④ 氢气

Q6 什么物质对人体中神经信号的传导起重要作用,长期缺乏可能会引起脑卒中、高血压等?

① 钙　② 钠　③ 镁　④ 钾

Q7 下列4个选项中，哪种物质主要成分不是钙?

① 方解石　② 石灰石　③ 大理石
④ 水晶

Q8 密集型照明会使用金属卤化物灯。这种灯中填充的气体是碘和什么物质的化合物?

① 硅　② 钪　③ 氩　④ 铍

Q9 能够制造光触媒，可以利用光能分解污渍的金属元素是什么?

① 镁　② 钴　③ 钛　④ 镍

Q10 利用钒制造的合金具有存储某种物质的性质。这种物质是什么?

① 氢　② 氧　③ 氮　④ 碳

Q11 红宝石的红色和祖母绿的绿色的致色元素是什么?

① 铜　② 铬　③ 钛　④ 铝

Q12 制造干电池正极不可缺少的元素是什么?

① 锌　② 铜　③ 锰　④ 钛

Q13 血液中红细胞内含有的对搬运氧起到重要作用的元素是什么？

①钙 ②铜 ③钠 ④铁

Q14 利用与水反应会变红的性质而用于硅胶干燥剂中的元素是什么？

①铁 ②镍 ③钴 ④锌

Q15 中国1元硬币中含有以下哪种金属元素？

①镍 ②锌 ③铝 ④钴

Q16 人类利用历史最悠久的金属之一，日本自弥生时代起用来制造祭器的金属是什么？

①银 ②铜 ③金 ④锌

Q17 可用来制造黄铜，人体内不足会引起味觉失常的元素是什么？

①镍 ②钾 ③锌 ④铁

Q18 各种颜色的发光二极管中不可缺少的金属元素是什么？

①镓 ②硅 ③锗 ④铌

Q19 成为江崎玲于奈博士获得诺贝奖契机并用于制造二极管的元素是什么？

①铝 ②铟 ③锂 ④锗

Q20 具有半导体性质，用于制造复印机感光鼓的元素是什么？

①铀 ②钋 ③硒 ④钛

答案见第233页。

37 Rb 铷 *Rubidium*

金属元素　　碱金属　　稀有金属

- 原子量：85.47
- 颜色：银白色
- 熔点：39.31℃
- 来源：锂云母、光卤石等矿物。
- 形态：固体
- 密度：1 532 kg/m³
- 沸点：688℃

 ## 用于制造原子钟和进行年代测定的元素

　　铷元素是ⅠA族元素，与其他碱金属元素一样，化学性质极为活泼，与水接触会发生剧烈反应，在空气中会自燃。

　　混合有碳酸铷的玻璃非常坚实，且有强的绝缘性，因此被用来制造电视机的显像管。铷还会放出特定频率的电磁波，利用这一性质制造的原子钟可以准确测量时间。就准确率来讲，铷原子钟比铯原子钟要稍逊一筹，但铷原子钟的制造成本更低，所以也得到了广泛应用。除此之外，测定物质中的铷残量，就可以计算出该物质的年代。

 主要用途　制造铷原子钟、进行年代测定等。

◀ 全球定位系统（GPS）用于给汽车等导航，该系统中的人造卫星上也使用铷原子钟。

38 Sr 锶 *Strontium*

金属元素

碱土金属

稀有金属

- 原子量：87.62
- 颜色：银白色
- 熔点：769℃
- 来源：天青石、菱锶矿等矿物
- 形态：固体
- 密度：2 540 kg/m³
- 沸点：1 384℃

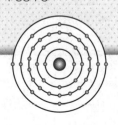

锶的放射性同位素是红色烟花的致色元素

锶元素有许多放射性同位素。其中，锶-90可用于制造航海浮标和无人气象观测装置中的小型核电池。此外，氯化锶燃烧后会发出鲜艳的红色（焰色反应），因此也被用于制造发烟筒和烟花等。

但是，锶-90被人体吸收后会取代钙沉积下来，持续释放射线，是一种非常危险的元素。福岛县第一核电站事故后，相关地点的空气中就检测到了锶-90，这成为重大问题。

主要用途 制造核电池、烟花、发烟筒、液晶显示器、磁铁等。

◀含有碳酸锶的玻璃绝缘性强，常被用来制造液晶显示器。

▶氯化锶的焰色反应呈现鲜艳的红色。其中的锶元素是制造烟花和发烟筒不可缺少的元素。

39 Y 钇 *Yttrium*

金属元素

过渡元素

稀土元素

- 原子量：88.91
- 颜色：银白色
- 熔点：1 522℃
- 形态：固体
- 密度：4 470 kg/m³
- 沸点：3 338℃
- 来源：独居石、氟碳铈镧矿等矿物

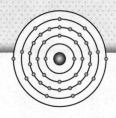

 广泛应用于激光装置和人工宝石等领域

　　钇元素不是人体的必需元素，人体内含有微量的钇，卷心菜等蔬菜中含量较多。

　　钇曾被用于制造电视显像管的钇磷光体，使电视产生红色彩。现在，含钇的石榴石成为人工宝石的主要原料。其中，钇铝石榴石（YAG）被广泛应用于医疗和工业领域，主要用作激光的介质。此外，钇铝石榴石还被用于制造白色发光二极管的发光部分。

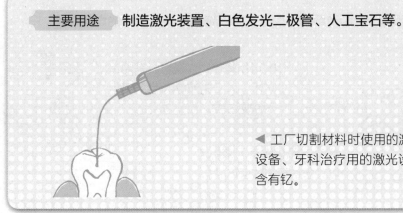

主要用途　制造激光装置、白色发光二极管、人工宝石等。

◀ 工厂切割材料时使用的激光加工设备、牙科治疗用的激光设备等都含有钇。

40 Zr 锆 *Zirconium*

金属元素　过渡元素　稀有金属

- 原子量：91.22
- 颜色：银白色
- 熔点：1 852℃
- 来源：锆石、斜锆石等矿物
- 形态：固体
- 密度：6 506 kg/m³
- 沸点：4 377℃

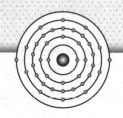

提高核裂变效率的核反应堆包壳材料

锆具有难以吸收中子的特性，在核电站中，封装核反应堆燃料铀的包壳材料（燃料棒）就是使用锆合金制造的。使用锆合金，可以使引起核裂变的中子更好地撞击核燃料。福岛县第一核电站事故中，就是因锆合金燃料棒过热而熔化，最终导致堆芯熔毁，并引发严重后果的。

日常用品如菜刀、假牙等，都使用了氧化锆陶瓷材料。

主要用途 制造菜刀、假牙、宝石饰品、核反应堆的燃料棒等。

▶ 可用氧化锆陶瓷材料来制造假牙、人工关节等，且不用担心金属过敏。

◀ 立方氧化锆常用来制造可代替钻石的珠宝饰品。

41 Nb 铌 *Niobium*

金属元素　过渡元素　稀有金属

- 原子量：92.91
- 颜色：灰色
- 熔点：2 468℃
- 来源：铌铁矿、烧绿石等矿物
- 形态：固体
- 密度：8 570 kg/m³
- 沸点：4 742℃

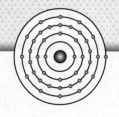

有望将超导磁体的实用化变为可能

在钢中加入铌，钢的强度得到大幅度提高，这种钢被称为高强度钢。相较传统的钢材而言，高强度钢即使很薄也有足够的强度，因此实现了轻量化，被应用于汽车、火车制造等领域。

此外，铌与钛、锡的合金作为超导磁体（低温下电阻为零的电磁体）也受到了广泛关注。使用铌钛合金或铌锡合金制造的超导磁体，既可用于制造核磁共振成像设备，也可用来制造磁悬浮列车部件。

主要用途　制造汽车车身（高强度钢）、不锈钢、核磁共振成像设备（超导磁体）等。

▶ 高强度钢耐热性强，因此常用来制造喷气式飞机发动机、航天飞机机身等耐高温部件。

42 Mo 钼 *Molybdenum*

金属元素

过渡元素

稀有金属

必需元素

- 原子量：95.94
- 颜色：灰色
- 熔点：2 617℃
- 形态：固体
- 密度：10 220 kg/m³
- 沸点：4 612℃
- 来源：辉钼矿、钼铅矿等矿物

 ## 可以防锈的不锈钢原料

在铁中添加钼，可以制造不锈钢。不锈钢能防锈且耐热性强，被广泛应用于制造勺子、锅等餐具、厨具，以及制造飞机、火箭引擎、机械等各种部件。质量轻且强度高的铬钼钢常被用来制造自行车的车架。此外，将有害物质硫从石油中分离出来所用到的脱硫装置、机械作业时用到的润滑油等都用到了钼。

钼元素还是人体的必需元素之一，与造血和从体内的废弃物中制造尿酸有关。

主要用途 制造餐具、引擎零件（高强度钢）、自行车的车架（铬钼钢）、脱硫装置、机械润滑油等。

◀铬钼钢是制造自行车的车架的代表性材料之一。

▶不锈钢是不可缺少的制造餐具的材料。

43 Tc 锝 *Technetium*

金属元素　过渡元素

- 原子量：(98)
- 颜色：银灰色
- 熔点：2 172℃
- 来源：人工核反应（人工放射性元素，偶尔也存于铀矿中）
- 形态：固体
- 密度：11 500 kg/m³
- 沸点：4 877℃

世界上第一个人工放射性元素

锝元素是世界上第一个人工放射性元素，是在1937年使用回旋加速器加速带电粒子时发现的。锝的所有同位素都是放射性同位素，存量很少且非常不稳定。在自然界中，只有地下的铀自然裂变时才会生成微量的锝。

锝主要应用于核医学检查等领域，让锝元素进入癌细胞，通过测定放射线来诊断癌症。

主要用途　制造核医学检查用的药剂等。

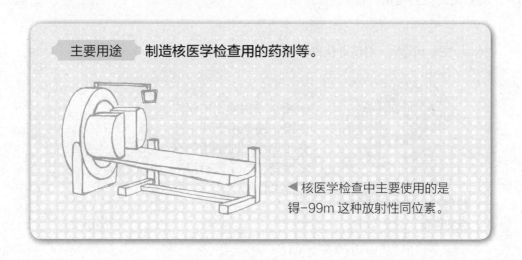

◀核医学检查中主要使用的是锝-99m 这种放射性同位素。

44 Ru 钌 *Ruthenium*

金属元素

过渡元素

- 原子量：101.07
- 颜色：银白色
- 熔点：2 310℃
- 来源：硫钌矿、白金矿等矿物
- 形态：固体
- 密度：12 370 kg/m³
- 沸点：3 900℃

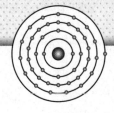

因研究钌的相关作用而获得诺贝尔奖

钌元素是贵金属元素，常用作促进化学反应的催化剂。日本的野依良治博士就是凭借研究控制钌的催化作用、提高合成化学物质效率的技术，于2001年获得了诺贝尔化学奖。

此外，在电脑硬盘内部加上一层很薄的钌，就可以让硬盘表面的磁性更加稳定。这种技术使硬盘的容量得到了飞跃性的提升。我们日常使用的钢笔的笔尖，很多是用铱钌合金制造的。

主要用途　制造催化剂、硬盘、钢笔的笔尖等。

▲ 只有几个分子大小的超薄钌层就可以增加硬盘的容量。

▶ 野依良治博士的研究成果，还被用于制造牙膏和清凉剂时使用的日本薄荷香料（薄荷醇）的合成上。

45 Rh 铑 *Rhodium*

金属元素

过渡元素

- 原子量：102.91
- 颜色：银白色
- 熔点：1 966℃
- 来源：铑矿石、铂矿等矿物

- 形态：固体
- 密度：12 410 kg/m³
- 沸点：3 695℃

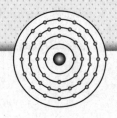

 ## 加热铑产生电流

铑元素是贵金属元素，其单质具有不易生锈、不易引起过敏的性质，常被用作接触皮肤的珠宝首饰等的镀层。此外，它还常被用来制造净化汽车尾气的催化器（三元催化器）。

将两种金属导线连接成一个回路，加热其中一个节点，回路中就会出现电流。这种现象叫作塞贝克效应。利用这一效应，人们制造了能够测量高温的热电偶。铑是制造热电偶的常用原料。

主要用途　**用作珠宝首饰的镀层，制造汽车的催化器、热电偶等。**

◀ 将使用铑制造的催化器安装到汽车排气系统中，就可以净化碳氢化合物、一氧化碳、氮氧化合物。

▲ 铑常用作耳饰的镀层。

46 Pd 钯 *Palladium*

金属元素

过渡元素

稀有金属

- 原子量：106.42
- 颜色：银白色
- 熔点：1 552℃
- 来源：铂钯矿、硫镍钯铂矿等矿物
- 形态：固体
- 密度：12 020 kg/m³
- 沸点：3 140℃

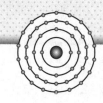

作为一种贮氢合金，相关研究正在进行

　　钯元素是一种贵金属元素，其合金可以吸收大约是自身体积900倍的氢，因此可以作为贮氢合金使用。近年来，由于燃料电池的应用领域增加，为了储存氢燃料，各国都在研究高效的贮氢合金。可以预见，作为贮氢合金原料，钯的应用前景较好。

　　钯还是一种不易生锈且外观美丽的金属，常被用于与黄金结合制造珠宝首饰。

主要用途 制造燃料电池的燃料箱、珠宝首饰、汽车催化器、镶牙金属等。

▶ 钯与金和银的合金可用作牙科治疗使用的牙套的材料。

47 Ag 银 *Silver*

■原子量：107.87　　　■形态：固体
■颜色：银白色　　　　■密度：10 500 kg/m³
■熔点：951.93℃　　　■沸点：2 212℃
■来源：天然银、辉银矿等矿物

金属元素　过渡元素

 小测试　**佩戴银饰品时，不要去下述哪种场所？**

① 寒冷的地方　② 温泉　③ 高山

（答案：②）

 ## 具有强大的杀菌力

在众多金属中，银是最容易导电和导热的物质。因此，在电子领域中，常用银来制造电子部件，以及用作银镀层等。

最近，凭借强大的杀菌力，银在除菌方面的应用受到关注。银的杀菌力来自银离子，银离子可以吸附细菌呼吸所需要的酶，使细菌因无法呼吸而死亡。近年来，人们利用银的这种特性开发了许多产品，如除臭喷雾剂、洗衣机、厨房用品、浴室用品等。

此外，银还被用来制造牙科治疗中使用的牙套、照相用胶片的感光乳剂等。

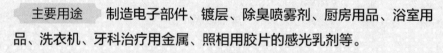

主要用途 制造电子部件、镀层、除臭喷雾剂、厨房用品、浴室用品、洗衣机、牙科治疗用金属、照相用胶片的感光乳剂等。

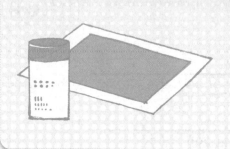

◀ 照相用胶片的感光乳剂是用碘化银、溴化银等制造的。

▶ 近年来，含银的除臭喷雾剂非常流行。

 ## 银在温泉环境下变色，是因为与硫发生化学反应

在距今6 000年左右的古埃及，银就被开采出来了，它是一种与人类关系非常密切且使用历史悠久的金属。作为与金一样贵重的金属（贵金属），银被广泛用来制造珠宝首饰和货币等。银的质地很柔软，所以主要是与金、铂、铜等生成合金使用。

银与硫发生反应生成硫化银，颜色为黑色。一些旧银制品之所以看起来有些黑，就是因为其表面形成一层硫化银的覆盖膜。据说，过去欧洲贵族使用的银质餐具，如果盛上含有硫的砷化物等有毒物质，就会变成黑色。此外，如果佩戴银饰品泡含有硫的温泉，银饰品也会变成黑色。

▲ 银饰品

银饰品接触硫会变黑，但近年来这种风格也受到部分消费者的喜爱，市面上可以看到有专门做过熏银处理的黑色银饰品出售。

48 Cd 镉 *Cadmium*

金属元素

- ■原子量：112.41
- ■颜色：银白色
- ■熔点：321.0℃
- ■来源：硫镉矿、锌矿等矿物
- ■形态：固体
- ■密度：8 650 kg/m³
- ■沸点：765℃

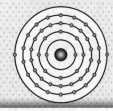

 ## 有毒，用途有限

镉曾被广泛用作焊接材料，但因其有毒而被禁止使用。目前，镉主要被用作飞机、机械等的镀层材料，以及制造二次电池（充电电池）中的一种——镍镉电池等。镍镉电池的输出功率高，所以被用在需要更大电力的无人机等领域。

此外，镉还被用于制造照相机等使用的光敏传感器（CdS传感器）、镉黄颜料等。

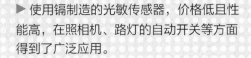

主要用途　制造镀层、二次电池、光敏传感器、颜料等。

▶ 使用镉制造的光敏传感器，价格低且性能高，在照相机、路灯的自动开关等方面得到了广泛应用。

镉与公害

镉元素和锌元素都是有两个价电子的金属元素，它们的性质也相似，都容易被人体吸收。过去，镉的这种性质及毒性引起了很大的公害。

20世纪30年代至70年代，日本富山县神通川流域出现原因不明的疾病。这种疾病的症状是，肾脏失去功能，骨骼变得脆弱，患者会哭喊"痛死了、痛死了"，因此被称为"痛痛病"。

有关痛痛病的致病原因，在很长一段时间内都是一个谜。后来才查明，致病原因是炼锌厂流出的镉引起的，随后，该病被定位为日本的四大公害病之一。

后来，炼锌厂支付了赔偿金，通过净化水质解决了这一公害。但是，患者人数并不明确，据说长期的污染造成至少有数百名患者死亡。

49 In 铟 *Indium*

金属元素

硼族元素

稀有金属

- 原子量：114.82
- 颜色：银白色
- 熔点：156.6℃
- 来源：硫铟铜矿、硫铟铁矿等矿物
- 形态：固体
- 密度：7 310 kg/m³
- 沸点：2 080℃

日本曾是世界上最大的产铟国

铟主要是从锌矿中提取的，是一种稀有金属。日本的北海道曾经有世界上产量最大的锌矿，但现在，中国成为主要产铟国。

氧化铟锡是一种能够导电的透明金属材料，利用这种特性，可以用来制造液晶电视显示屏、电脑液晶显示器等。此外，磷化铟也是一种耗电低、性能高的半导体材料。

主要用途 制造液晶面板、半导体元件等。

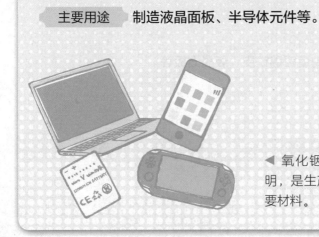

◀ 氧化铟锡在通电过程中保持透明，是生产液晶面板不可缺少的重要材料。

50 Sn 锡 *Tin*

半金属元素　碳族元素

- 原子量：118.71
- 颜色：银白色
- 熔点：231.97℃
- 来源：锡石、黄锡矿等矿物

- 形态：固体
- 密度：5 750 kg/m³（α 锡）、7 310 kg/m³（β 锡
- 沸点：2 270℃

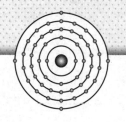

防止金属罐子生锈

常温下的锡是 β 锡，是一种金属，但当温度降到13.2°C以下时，β 锡就会变成 α 锡。α 锡质地脆，且不再显示金属特性。因此，锡是一种很特别的物质。

古代人将锡与铜合成青铜合金，广泛用于制造武器、农具、祭器等。到了现代，锡主要被用作焊接材料，在铁上镀锡制成的镀锡铁皮可用来制造罐子等。此外，氧化铟锡是制造液晶面板所必不可少的材料。

主要用途　焊接、制造镀锡铁皮、液晶面板等。

◀ 镀锡铁不易生锈，常用来制作罐头、水桶等。

51 Sb 锑 *Antimony*

半金属元素

氮族元素

稀有金属

- 原子量：121.76
- 颜色：银白色
- 熔点：630.63℃
- 来源：辉锑矿等矿物
- 形态：固体
- 密度：6 691 kg/m³
- 沸点：1 635℃

锑在追求时尚的古人中极具人气？！

古人用锑的化合物制造化妆品，尤其是古埃及人，会用含锑的颜料的颜色作为眼影。从古埃及时的壁画上可以看到，人像的眼睛周围有黑色修饰，展现的就是这种眼影。不过，锑与同为ⅤA族的砷一样，毒性也很强，所以现在不再添加在化妆品中。

铅锑合金曾经被用于制作活字印刷中使用的活字，现在这种应用基本上已经消失了。铅锑合金还可以用来制造铅蓄电池的电极。

主要用途 制造铅蓄电池、阻燃剂、轴承合金、半导体等。

◀汽车用电池多为铅蓄电池。

▶锡锑铜合金比较耐磨，常用来制造机械轴承。

52 Te 碲 *Tellurium*

半金属元素

氧族元素

稀有金属

- 原子量：127.60
- 颜色：银白色
- 熔点：449.5℃
- 来源：针碲金银矿、碲金矿等矿物

- 形态：固体
- 密度：6 240 kg/m³
- 沸点：990℃

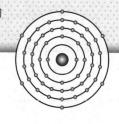

使激光唱盘（CD）和数字激光视盘（DVD）的重新记录成为可能

精炼铜和铅时，其副产物碲广为人知，金属精炼业发达的日本是世界上屈指可数的碲生产国之一。利用碲在不同温度下结晶或不结晶的性质，碲被用来制造能够重新记录的CD和DVD以及蓝光光盘的记录层等。

此外，用两种金属组成回路，在两端通电，两侧金属会出现一方吸热，一方放热的现象（珀耳帖效应）。碲化铋就具有这种性质，可以用作热电元件来冷却半导体等。

主要用途　制造光盘（CD、DVD、蓝光光盘）、热电元件等。

◀ 能够重新记录的 CD 和 DVD 中使用了碲合金。

▶ 热电元件除了可以冷却半导体等外，还可以用来制造小型的葡萄酒储藏柜等。

53 | 碘 *Iodine*

 非金属元素
 卤族元素
 必需元素

- 原子量：126.90
- 颜色：黑紫色
- 熔点：113.5℃
- 来源：天然气、海水、海藻等
- 形态：固体
- 密度：4 930 kg/m³
- 沸点：184.3℃

 ## 具有强大的杀菌力

碘具有氧化性，能使周围物质发生氧化，可作为氧化剂起杀菌作用。此外，碘与淀粉反应呈现蓝紫色，所以理科实验中经常将碘作为确认淀粉的试剂使用。碘元素还是人体的必需元素之一，很容易被人体吸收。

另一方面，核反应堆内发生核裂变时产生的碘-131是对人体有害的放射性同位素。人体一旦吸收了碘-131，就会引起体内核辐射。福岛县第一核电站事故中泄漏了大量的碘-131，引起了严重的后果。

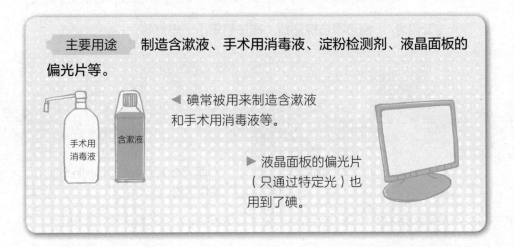

主要用途 制造含漱液、手术用消毒液、淀粉检测剂、液晶面板的偏光片等。

◀ 碘常被用来制造含漱液和手术用消毒液等。

手术用消毒液　含漱液

▶ 液晶面板的偏光片（只通过特定光）也用到了碘。

54 Xe 氙 *Xenon*

非金属元素　稀有气体

- 原子量：131.29
- 颜色：无色
- 熔点：−111.9℃
- 来源：大气
- 形态：气体
- 密度：5.8971 kg/m³
- 沸点：−107.1℃

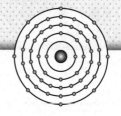

因隼鸟号探测器而一举成名

日本隼鸟号小行星探测器曾在太空中漫游7年，其搭载了离子引擎作为推进装置。这种引擎使用氙作为推进剂。离子引擎输出功率小，但只需少量燃料就可实现探测器长时间航行。因此它逐渐成为人造卫星和宇宙探测器不可缺少的引擎。

此外，氙气也是稀有气体，因其稳定的性质，也被用作电灯的填充气体。

主要用途　制造宇宙探测器（离子引擎）、电灯等。

◀ 隼鸟号探测器的引擎推进剂使用了氙。

55 Cs 铯 *Caesium*

金属元素

碱金属

稀有金属

- 原子量：132.91
- 颜色：银白色
- 熔点：28.4℃
- 来源：铯沸石、锂云母等矿物
- 形态：固体
- 密度：1 873 kg/m³
- 沸点：678℃

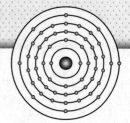

 ## 用于测量时间的元素

　　有关铯最广为人知的应用就是将铯原子"振动"所需的时间作为计时单位。曾经，1秒是以地球公转周期（绕太阳一周为1年）为标准来决定的。现在，1秒是以绝对零度（理论上的最低温度为-273.15° C）时铯-133原子放出的电磁波振荡91.9263177亿次所消耗的时间为标准来定义的。

　　铯原子钟是根据铯-133放出的电磁波来计时的。据说，这种原子钟1亿年才会出现1秒左右的误差，用于全球定位系统的人造卫星上就使用了铯原子钟。

主要用途　　制造铯原子钟等。

▶ 铯原子钟比铷原子钟的精确度更高。

56 Ba 钡 *Barium*

金属元素

碱土金属

稀有金属

- 原子量：137.33
- 颜色：银白色
- 熔点：729℃
- 形态：固体
- 密度：3 594 kg/m³
- 沸点：1 637℃
- 来源：重晶石、毒重石等矿物

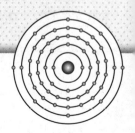

 ## 使用X射线检查前喝的白色液体

有关钡元素的应用，我们身边最常见的就是做X射线检查前喝的造影剂。X射线难以穿透钡离子，利用这一性质，喝下硫酸钡就可以使胃、肠等内脏的造影更加清晰。

在焰色反应中，钡的化合物呈现出的是漂亮的绿色。因此，可以用硝酸钡来制造发出绿色火焰的烟花。另外，还可以用氧化钡来制造荧光灯电极，用钛酸钡来制造电子元件的陶瓷电容器等。

主要用途 制造用于X射线检查的造影剂、烟花、荧光灯电极、陶瓷电容器、汽车点火装置等。

◀ 在进行X射线检查时，体内有硫酸钡的地方会呈白色，没有硫酸钡的地方会呈黑色。

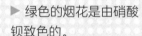

▶ 绿色的烟花是由硝酸钡致色的。

什么是镧系元素？

　　元素周期表本来是一个元素占一格的，但第6周期的ⅢB族里有15个性质相似的元素（原子序数57~71）共同占一格。这15种元素被统称为"镧系元素"，即"性质与镧相似的元素"。因无法记录在同一格内，一般都会在元素周期表下方另起表格记录。

　　镧系元素之所以性质相似，是因为它们的电子排布类似。一般地，元素的性质是由最外电子层的电子数决定的。电子通常会进入最外电子层，因此，随着电子数增加，元素的性质随之发生变化。

　　与此相反，镧系元素的电子更倾向于进入内电子层。也就是说，即使电子增加，也不改变最外电子层的电子数（2个）。因此，每种镧系元素都具有相似的性质。

57 La 镧 *Lanthanum*

金属元素

过渡元素

稀土元素

镧系元素

- 原子量：138.90
- 颜色：银白色
- 熔点：921℃
- 来源：独居石、氟碳铈矿等矿物
- 形态：固体
- 密度：6 145 kg/m³
- 沸点：3 457℃

小测试

使用镧制造的燃料电池中不可缺少的合金是什么？

① 碳分解合金　② 氧合成合金　③ 贮氢合金

（答案：③）

从打火石到燃料电池，应用广泛

镧镍合金是可以吸附氢的贮氢合金。人们正在研究利用镧镍合金制造燃料电池的燃料箱。

此外，添加了氧化镧的玻璃的折射率变大，加工成透镜可以得到变形小的影像。因此，天文望远镜的透镜等使用添加了氧化镧的玻璃制造。氧化镧还可被用来制造电容器等。

镧还具有一受到冲击就迸射火花的性质，因此在过去也被用于制造打火石。现在，打火石是用镧铁合金等制造的。

主要用途 制造光学透镜、电容器、打火石等。

▶ 镧用于制造照相机和天文望远镜等光学透镜，可以得到更准确的影像。

▲ 用镧制造的打火石，曾经得到广泛应用。

58 Ce 铈 *Cerium*

金属元素　过渡元素　稀土元素　镧系元素

- 原子量：140.12
- 颜色：银白色
- 熔点：799℃
- 形态：固体
- 密度：8 240 kg/m³
- 沸点：3 426℃
- 来源：独居石、氟碳铈矿等矿物

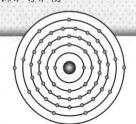

 ## 最早被发现的镧系元素

铈元素是地球上含量最多的稀土元素，也是第一个被发现的镧系元素。氧化铈除了可以用于制造汽车尾气净化装置外，还可以利用其坚硬、抛光效率高的特性制造玻璃研磨抛光剂。

主要用途　制造汽车尾气净化装置、玻璃研磨抛光剂、太阳镜、汽车玻璃等。

因铈对紫外线的吸收率高，也被用于制造太阳镜、汽车玻璃等。

59 Pr 镨 *Praseodymium*

金属元素

过渡元素

稀土元素

镧系元素

- 原子量：140.91
- 颜色：银白色
- 熔点：931℃
- 来源：独居石、氟碳铈矿等矿物
- 形态：固体
- 密度：6 773 kg/m³
- 沸点：3 512℃

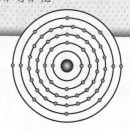

 ## 给陶瓷带来美丽的黄绿色

人们曾长期以为镧系元素是一种元素，直到1885年才成功地从镧系元素的混合物中分离出了镨。镨在离子状态下呈淡绿色，因此可用来制造用于陶瓷的黄绿色釉药。

主要用途 制造用于陶瓷的釉药、颜料、焊接用的护目镜等。

镨黄可用于给陶瓷上色等。

60 Nd 钕 *Neodymium*

金属元素

过渡元素

稀土元素

镧系元素

- 原子量：144.24
- 颜色：银白色
- 熔点：1 021℃
- 形态：固体
- 密度：7 007 kg/m³
- 沸点：3 068℃
- 来源：独居石、氟碳铈矿等矿物

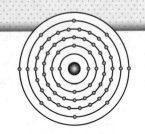

 超强磁性的磁铁原料

钕磁铁据称是具有最强磁性的磁铁，钕作为钕磁铁的原料而广为人知。

这种磁铁是由铁、硼、钕的合金制成的，现在用于制造各种电子设备。

主要用途 制造钕磁铁、激光、焊接用的护目镜等。

用于医疗和研究领域使用的钇铝石榴石激光器晶体中。

61 Pm 钷 *Promethium*

金属元素

过渡元素

稀土元素

镧系元素

- 原子量：(145)
- 颜色：银白色
- 熔点：1 168℃
- 来源：人工核反应（人工放射性元素，自然界中存量极微）

- 形态：固体
- 密度：7 220 kg/m³
- 沸点：2 700℃

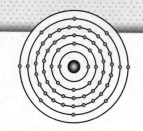

 自然界中存量极微，人工放射性元素

很早就有人预言存在钷元素，但长期未被发现，直到1947年才通过核反应堆核裂变提取出来。人们曾以为自然界中不存在这种元素，但后来又在铀矿中发现了极微量的钷。

主要用途 制造宇宙探测器的核电池等。

钷具有放射性，已被禁止用来制造涂料，现在主要用来制造核电池。

62 Sm 钐 *Samarium*

 金属元素  过渡元素 稀土元素 镧系元素

- 原子量：150.36
- 颜色：银白色
- 熔点：1 077℃
- 形态：固体
- 密度：7 520 kg/m³
- 沸点：1 791℃
- 来源：独居石、氟碳铈矿等矿物

恶劣环境下也很稳定的钐钴磁铁

用钐钴合金制造的钐钴磁铁广为人知，其磁性稍逊于钕磁铁，但耐高温，被广泛用于制造手机、医疗机器使用的小型发动机等。

主要用途 制造手机、核磁共振成像设备、扬声器、汽车尾气净化装置等。

钐钴磁铁价格昂贵，只用于小型发动机等。

63 Eu 铕 *Europium*

金属元素

过渡元素

稀土元素

镧系元素

- 原子量：151.96
- 颜色：银白色
- 熔点：822℃
- 来源：独居石、氟碳铈矿等矿物
- 形态：固体
- 密度：5 243 kg/m³
- 沸点：1 597℃

 曾被广泛用于制造显像管

在氧化钇中添加氧化铕，过去曾被广泛用于制造彩色电视显像管的红色荧光体。最近也用于制造白色发光二极管的荧光体。

主要用途 制造彩色电视、白色发光二极管等。

将蓝色发光二极管和使用了铕的黄色荧光体组合，就会变成白光。

64 Gd 钆 *Gadolinium*

金属元素

过渡元素

稀土元素

镧系元素

- 原子量：157.25
- 颜色：银白色
- 熔点：1 313℃
- 形态：固体
- 密度：7 900 kg/m³
- 沸点：3 266℃
- 来源：独居石、氟碳铈矿等矿物

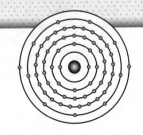

 ## 吸收中子，保护核反应堆的安全

钆与铁一样，置于磁场中就会成为磁体，但温度超过18°C就不再是磁体。光存储器（MO）就应用了钆的这种特性。此外，钆能够吸收中子，还能用于制造核反应堆的控制材料。

主要用途 制造光存储器、核反应堆的控制材料、核磁共振成像设备造影剂等。

钆与铁等的合金曾经用于制造光存储器，但最近更常用的是铽合金。

65 Tb 铽 *Terbium*

金属元素

过渡元素

稀土元素

镧系元素

- 原子量：158.92
- 颜色：银白色
- 熔点：1 356℃
- 来源：独居石、氟碳铈矿等矿物

- 形态：固体
- 密度：8 229 kg/m³
- 沸点：3 123℃

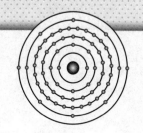

 ## 让电视拥有色彩的元素

铽曾被用于制造电视的绿色荧光体。因其具有随着温度的改变而变成磁体或不再是磁体的性质，最近，人们开始将其用于制造光存储器的记录层。

> **主要用途** 制造彩色电视、光存储器、打印机等。
>
> 利用铽的磁性变化，可将其用于制造喷墨打印机打印头的喷墨装置。

66 Dy 镝 *Dysprosium*

金属元素

过渡元素

稀土元素

镧系元素

- 原子量：162.50
- 颜色：银白色
- 熔点：1 412℃
- 形态：固体
- 密度：8 550 kg/m³
- 沸点：2 562℃
- 来源：独居石、氟碳铈矿等矿物

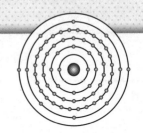

 存储光，照亮夜晚

　　镝具备存储光的性质，现在已取代铽成为荧光粉激活剂，并得到了广泛应用。此外，还可将其添加于被誉为最强磁体的钕磁铁中，可防止高温时磁性降低。

主要用途　制造夜光涂料、钕磁铁等。

使用镝制造的夜光涂料被广泛用于制造手表表盘、地下商业街标识等。

67 Ho 钬 *Holmium*

 金属元素

 过渡元素

 稀土元素

La 镧系元素

- 原子量：164.93
- 颜色：银白色
- 熔点：1 474℃
- 形态：固体
- 密度：8 795 kg/m³
- 沸点：2 695℃
- 来源：独居石、氟碳铈矿等矿物

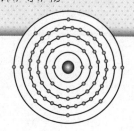

医用激光器材料

外科手术等使用的钬激光器中，钬就被用于激光晶体中。钬在离子状态下呈黄色，根据这一特性，钬也被用来制造有色玻璃。

主要用途 制造激光器、有色玻璃等。

钇铝石榴石激光器的激光晶体中除了含钬以外，还含有其他元素，由此产生不同波长的激光。

68 Er 铒 *Erbium*

金属元素　过渡元素　稀土元素　镧系元素

- 原子量：167.26
- 颜色：银白色
- 熔点：1 529℃
- 形态：固体
- 密度：9 066 kg/m³
- 沸点：2 863℃
- 来源：独居石、氟碳铈矿等矿物

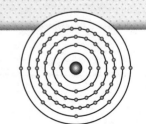

 ## 互联网发展不可缺少的元素

含有铒的玻璃光纤具有使光信号增幅的性质，它使超过1 000 km的远距离通信成为可能。因此，铒已成为信息时代不可缺少的材料，对其应用也急速增多。

主要用途　制造光纤增幅器、医用激光器等。

使用铒制造的光纤增幅器，对于普及互联网起到了重要作用。

69 Tm 铥 *Thulium*

金属元素

过渡元素

稀土元素

镧系元素

- 原子量：168.93
- 颜色：银白色
- 熔点：1 545℃
- 来源：独居石、氟碳铈矿等矿物
- 形态：固体
- 密度：9 321 kg/m³
- 沸点：1 950℃

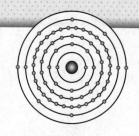

 ## 稀少且昂贵，在通信和医疗领域的应用前景值得期待

铥的储量很少，因此价格昂贵且用途有限，主要被用于制造与含铒且光波长不同的光纤增幅器。此外，铥也可用作制造医用钇铝石榴石激光器的激光晶体的材料。

主要用途　制造光纤信号增幅器、医疗用激光等。

添加了铥的钇铝石榴石激光可用于治疗胆结石等。

70 Yb 镱 *Ytterbium*

金属元素

过渡元素

稀土元素

镧系元素

- 原子量：173.04
- 颜色：银白色
- 熔点：824℃
- 来源：独居石、氟碳铈矿等矿物
- 形态：固体
- 密度：6 965 kg/m³
- 沸点：1 193℃

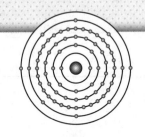

世界上最准确的时钟由此诞生？！

镱的英文名取自其原料矿石产地瑞典的伊特比。钇铝石榴石激光器的晶体中含有镱，镱可被用来制造比铯原子钟更为精准的镱光晶格钟，相关研究仍在进行中。

主要用途 制造医用激光器、原子钟、有色玻璃等。

黄绿色玻璃的着色剂中含有镱。

71 Lu 镥 *Lutetium*

 金属元素 过渡元素 稀土元素 镧系元素

- 原子量：174.97
- 颜色：银白色
- 熔点：1 663℃
- 形态：固体
- 密度：9 840 kg/m³
- 沸点：3 395℃
- 来源：独居石、氟碳铈矿等矿物

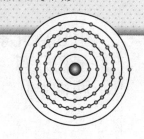

 快速发现癌细胞

在自然界中，镥是镧系元素中最晚被发现的，比发现铈要晚100年以上。镥的储存量极少且较难分离，在工业领域很少得到应用，主要应用于医疗领域。

主要用途 制造正电子发射断层成像（PET）设备。

正电子发射断层成像设备中使用了硅酸镥，用于诊断癌症等。

ⅢB 族元素最初只有两种？！

在ⅢB族元素中，最早被发现的是钇元素（1794年），紧接着被发现的是铈元素（1803年）。最初，人们发现的是包括镧系元素在内的多种ⅢB族元素的混合物。它们的性质非常相近，很难分离。

后来，随着技术进步，人们逐渐从ⅢB族元素中分离出不同的单种元素。1947年，钷被发现，终于凑齐了ⅢB族元素，但距钇被发现时间已经过去了150多年。

钇	铈
○铽	○镧
○铒	○钐
○镱	○钆
○钬	○镨
○铥	○钕
○钪	○铕
○镝	
○镥	

72 Hf 铪 *Hafnium*

金属元素

过渡元素

稀有金属

- 原子量：178.49
- 颜色：灰色
- 熔点：2 230℃
- 来源：锆石、斜锆石等矿物
- 形态：固体
- 密度：13 310 kg/m³
- 沸点：5 197℃

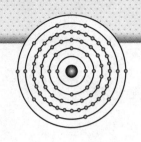

 ## 铪与锆是似是而非的兄弟？！

铪与同属于ⅣB族的锆的性质非常相似，将两者分离开来十分困难。但是，两者针对中子有着完全相反的特性。中子易穿透锆，因此锆被用于制造反应堆的原料棒。而铪易吸收中子，因此被用于制造抑制反应堆核裂变的控制棒。

此外，铪的化合物作为集成电路材料正备受关注。

主要用途　制造反应堆控制棒、集成电路等。

反应堆压力容器

燃料

控制棒

▶ 核裂变需要中子参与，使用易吸收中子的铪制造的控制棒，可控制核裂变。

73 Ta 钽 *Tantalum*

金属元素

过渡元素

稀有金属

- 原子量：180.95
- 颜色：银灰色
- 熔点：2 996℃
- 来源：钽铁矿、铌钇矿等矿物
- 形态：固体
- 密度：16 654 kg/m³
- 沸点：5 425℃

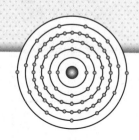

制造电脑不可缺少的高性能电容器

钽的单质是一种低硬度、不易生锈且耐腐蚀性的金属，导电性能良好，化学性质稳定。钽曾经是制造灯丝的原材料，后来被钨取代。现在，钽被广泛用于制造电容器。这种电容器电容量高，已经成为电脑和手机等电子产品所不可缺少的零件之一。

此外，由于钽对人体无毒，也被用来制造人工关节、人工牙根等。

主要用途 制造电容器、人工关节、人工牙根、饰品等。

◄ 电容器是能够容纳、释放电荷的器件。

► 人工牙根将被直接植入骨骼中，所以人们选取无毒、不引起过敏的钽等金属来制造。

74 W 钨 *Tungsten*

 金属元素
 过渡元素
 稀有金属

- 原子量：183.84
- 颜色：银白色
- 熔点：3 410℃
- 来源：钨锰铁矿、白钨矿等矿物
- 形态：固体
- 密度：19 300 kg/m³
- 沸点：5 657℃

广泛用于制造灯丝和工具

提到钨的用途，首推灯丝。钨的熔点高且电阻较大，因此成为高效发光体，从100年前开始就成为灯丝的材料，服务于人类。

此外，碳化钨的硬度可与钻石比肩，被用于制造切削机械。钨钢具有优良的耐热性和耐磨性，同样被用于制造切削机械。

主要用途 制造灯丝、切削工具等。

▲ 使用钨制造灯丝后，灯泡的寿命得到飞跃式增加，所以迅速普及开来。

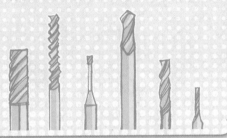

▼ 使用钨合金制造的切削工具，具有优良的硬度和耐磨性。

75 Re 铼 *Rhenium*

金属元素

过渡元素

稀有金属

- 原子量：186.21
- 颜色：灰白色
- 熔点：3 180℃
- 形态：固体
- 密度：21 020 kg/m³
- 沸点：5 596℃
- 来源：辉钼矿、硫化铜矿等矿物

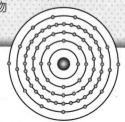

铼差点就被命名为"Nipponium"了？！

1908年，日本化学家小川正孝博士宣布发现了43号元素，并将其命名为"Nipponium"以纪念其本国日本（Nippon①）。然而，由于追加实验失败，这一发现最终并未被世界认可。

1925年，铼被发现，其后的研究表明，它正是小川正孝当初发现的"Nipponium"。原来，由于计算原子量出错，小川正孝误将"Nipponium"当作43号元素发表了，否则铼可能就叫"Nipponium"了。

主要用途 制造热电偶、喷气式飞机发动机等。

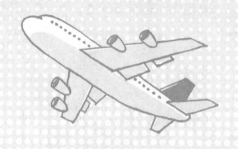

◀ 铼钨合金耐热性很强，常被用于制造喷气式飞机的零件。此外，铼还被用于制造可测高温的热电偶。

---

① Nippon：根据日本人对"日本"一词的发音而翻译的英文，又被译为"Nihon"。——编者注

76 Os 锇 *Osmium*

金属元素

过渡元素

- 原子量：190.23
- 颜色：蓝灰色
- 熔点：3 054℃
- 来源：铂矿等矿物
- 形态：固体
- 密度：22 590 kg/m³
- 沸点：5 027℃

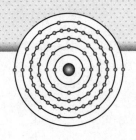

用锇制造的钢笔尖，书写手感超强

锇元素是一种贵金属元素。在自然界中，锇不以单质的形式存在，主要以锇铱合金的形式存在。这种合金耐酸、耐碱，被广泛用于制造钢笔尖、开关触点等。

锇本身非常容易氧化，其金属粉末在空气中会自燃，生成有剧毒的四氧化锇。四氧化锇容易使周围的物质发生氧化反应。因此，生产药品等有机物时常将其用作氧化剂。

> **主要用途** 制造钢笔尖、开关触点、合成有机物等。

▶ 在已知金属单质中锇是密度最大的。锇铱合金坚硬、耐磨，不易生锈，因此常被用于制造钢笔尖。

77 Ir 铱 *Iridium*

金属元素

过渡元素

- 原子量：192.22
- 颜色：银白色
- 熔点：2 410℃
- 来源：铂矿等矿物

- 形态：固体
- 密度：22 560 kg/m³
- 沸点：4 130℃

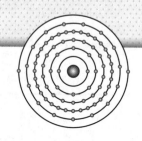

铱可提高汽车发动机的效率

铱元素是一种贵金属元素。与其他金属相比，铱的单质不易变形且脆性大，因此很难加工，在工业领域很少得到应用。另一方面，铱耐腐蚀性强，即使在强酸中也难以溶解。

铱主要以合金的形式得到应用。铱的合金中最具代表性的是锇铱合金，可用于制造钢笔尖。此外，铱铑合金可用于制造发动机的火花塞电极。而曾经作为长度单位标准的米原器，以及现在依然是质量单位标准的国际千克原器，都是用铂铱合金制造的。

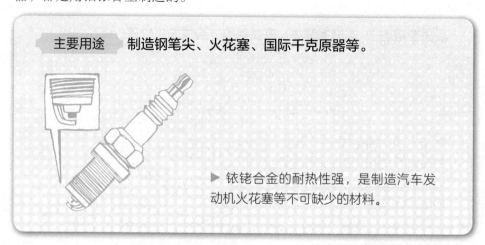

主要用途 制造钢笔尖、火花塞、国际千克原器等。

▶ 铱铑合金的耐热性强，是制造汽车发动机火花塞等不可缺少的材料。

78 Pt 铂 *Platinum*

 金属元素

 过渡元素

 稀有金属

- 原子量：195.08
- 颜色：银白色
- 熔点：1 772℃
- 来源：砂铂矿、硫砷铂矿、砷铂矿等矿物
- 形态：固体
- 密度：21 450 kg/m³
- 沸点：3 830℃

小测试 铂金是一种广为人知的贵金属，下列哪种日用品中使用了铂金？

① 100 日元　② 干电池　③ 暖炉

（答案：③）

铂曾受到歧视？！

铂是一种广为人知的贵金属，常被用于制造饰品。铂与金、铜、铁等金属一样，自古以来就为人类所用，与人类生活关系密切。据说，古埃及时人们就已经使用铂金打造饰品了。

与黄金相比，铂的熔点更高，古代的精炼技术较难加工铂金，欧洲曾称铂金为"假银"。铂金还曾被用来掺杂在金银中以增加重量，以至于有的地方出台过禁止这种行为的法令。直到18世纪末，随着精

▲ 底比斯匣
巴黎卢浮宫美术馆中有一件名为"底比斯匣"的藏品，它是公元前700年左右的古埃及人的化妆盒，盒表面镶嵌着铂金。这是世界上最古老的铂金装饰品。

炼技术得到提升，铂金才开始被当作首饰材料而受到关注。在此之前，铂金受到了现代人无法想象的歧视对待。

日本曾经开采过铂？！

铂的化学性质非常稳定，不易生锈且耐热性强，除了被用于打造饰品外，还被用于很多领域，但铂的开采量并不高。与同样用于饰品加工和工业制造等领域的黄金相比，全世界铂的年开采量只占到黄金的二十分之一。

铂金的主要产地是南非和俄罗斯。日本明治时期，曾以北海道为中心开采铂金。这种铂金被称为"砂铂矿"，曾被用于制造钢笔尖，并大量出口至海外。

▲ 砂铂矿中除了含有铂，还含有钌、铑、钯、锇、铱等，有时还含有大量的铁。

通过催化作用加热暖炉

铂的性质非常稳定，在化学反应中能起很大的催化作用，曾作为催化剂用于各个方面。最具有代表性的例子就是在暖炉中使用铂作为催化剂。

在铂的催化作用下，暖炉内逐渐分

▲ 暖炉

使用铂作为催化剂的暖炉，在20世纪70年代后半叶一次性暖贴问世前，一直极具人气。现在，国外用户对这种暖炉的需求日益增长。

解碳化氢，分解过程中产生的热量，就是用来暖手等部位的。暖炉的地位曾一度被一次性暖贴取代，但最近几年又逐渐恢复了人气。

铂用作催化剂，应用领域增多

除了被用作暖炉的催化剂外，铂还被用作三元催化器中过滤尾气中的碳化氢、氧化氮等有害物质的催化剂，以及精炼石油和制造硝酸的催化剂。

暖炉的发热原理

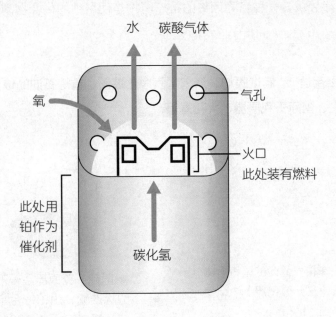

▲ 通过铂的催化作用，碳化氢和氧发生反应，分解出水和二氧化碳。在这个过程中产生的热量，就是用来取暖的。

此外，最近有人将铂用作燃料电池（通过氧和氢反应发电）的催化剂，其效果受到了广泛的期待。

应用领域遍及日用品、工业品、抗癌药等

铂坚硬、化学性质不活泼，不只是被用作催化剂，还被制成铂铱合金。铂铱合金可被用于制造钢笔尖。因为铂铱合金难与其他物质反应，质量也不会发生变化，所以被用作制造国际千克原器的材料。

利用铂的高耐热性，铂还被用于制造汽车的火花塞电极和坩埚等。此外，还可以使铂具有磁性，如此，可将铂锰合金用来制造硬盘的磁头。

在医疗领域，一种名为顺铂的抗癌药物是使用铂的化合物制造的。

主要用途 制造暖炉、汽车尾气净化装置、精炼石油的催化剂、钢笔笔尖、国际千克原器、火花塞等。

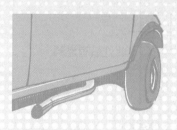

▲ 汽车排气管内的尾气净化装置（三元催化器）中，使用了铂、钯和铑。

▲ 国际千克原器是一千克的标准物，由铂铱合金制成，其中铂含量占90%、铱含量占10%。

79 Au 金 *Gold*

金属元素

过渡元素

- 原子量：196.97
- 颜色：金色
- 熔点：1 064.43℃
- 来源：自然金、碲化物等矿物

- 形态：固体
- 密度：19 320 kg/m³
- 沸点：2 807℃

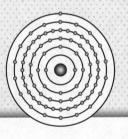

小测试 在日本，被称为"青金"的金银合金又叫什么？

① 绿金 ② 黄金 ③ 红金

（①：案答）

⚛ 电子产品不可缺少的金属

金不易生锈且导电性良好，除了被用于打造饰品外，最近也被用于制造电线和电子元件等。金具有良好的反光性，在太空中受到各种光照的人造卫星，通常就是用金来作为防护材料的。此外，金抗腐蚀，性能稳定，所以常被用于牙科治疗。

金还是衡量价值的标准，自古就被用于制造硬币等。如日本就曾制造用于流通的"小判"和"大判"（日本古时的两种金币。面积较小者，被称为"小判"；面积较大者，被称为"大判"）。

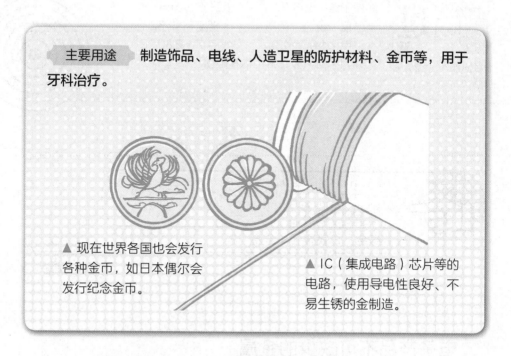

主要用途 制造饰品、电线、人造卫星的防护材料、金币等，用于牙科治疗。

▲ 现在世界各国也会发行各种金币，如日本偶尔会发行纪念金币。

▲ IC（集成电路）芯片等的电路，使用导电性良好、不易生锈的金制造。

金作为权力的象征，自古就受到珍视

金的单质性质柔软，延展性强，是一种容易加工的贵金属。1g黄金，通过敲打就可以延展至数平方米（厚度为万分之一毫米），拉伸则可延长至3km。此外，金的性质还很稳定，除了酸性极强的王水外，在大多数液体中都不会溶解，也不会因被氧化而生锈。

因为性能良好，与铁、铜等金属一样，自古以来金就为人类所用。不过，金一般是被用于制造象征权贵的权力和财富的物品，而非实用品。

▲ 图坦卡蒙黄金面具
古埃及图坦卡蒙法老的黄金面具，是在高纯度黄金上涂上一薄层混有金银粉末及胶的涂料打造而成。

古埃及图坦卡蒙法老的黄金面具和中国汉光武帝赐倭奴国王的金印等就是颇具代表性的例子。中世纪欧洲及阿拉伯等地区还出现了旨在从其他物质中提炼金的炼金术，这对后来的化学发展带来了很大的影响。

日本曾是世界有名的黄金出产国？！

平安时代（794—1192，日本古代的一个时期），日本的东北地区就有大量的金矿被开采，以平泉为中心的奥州藤原氏就是凭借开采黄金而发达起来的。除此之外，战国时代（1467—1600或1615，日本古代的一个时期）甲斐武田信玄也是通过经营金矿而积蓄财力的。江户时代（1603—1868，日本古代的一个时期）日本开发了佐渡金山等，江户幕府的财政收入因此得到了充盈。

当时，日本的黄金产量在世界上并非出类拔萃，但日本在贸易中使用黄金进行交易，很多建筑上也贴有金箔。因此，马可·波罗（Marco Polo）在《马可·波罗游记》中称日本为"黄金之国"（JIPANGU）。

然而，自江户时代之后，日本的黄金产量持续减少，加上海外发现了大型金矿，日本作为"黄金之国"的时代已然过去。现在，黄金的主要产出国是南非、澳大利亚、美国等，日本的产量仅占世界产量的0.3%。

▲ 中尊寺及金色堂
欧洲人有"日本＝黄金之国"的印象，这可能是有关平泉中尊寺的金色堂等建筑样式的描述，经由中国传至欧洲所致。

与各种金属
形成合金

用黄金打造饰品时，经常在黄金中添加银、铂金、镍等金属制成合金，用来增加硬度。黄金纯度用K来表示，共分为24等份，24K表示纯金（纯度在99.99%以上）。黄金纯度最低的是10K金，其含金量为41.7%。顺带一提，日本将24K金称为"24金"（日语中"金"读作"kin"），但K并非日语"金"的首字母"K"，而是表示黄金纯度的单位"Karat"的首字母"K"。

金与其他金属形成合金时，颜色会发生变化，这样的金被称为彩金。彩金有很多种类，比如：金与银和铜的合金，被称为黄色彩金；金与银的合金，被称为绿色彩金；金与铜的合金，被称为红色彩金。

金的纯度和含金量

金的纯度	含金量
24金（24K）	99.99%以上
22金（22K）	91.7%
20金（20K）	83.3%
18金（18K）	75%
16金（16K）	66.7%
14金（14K）	58.3%
12金（12K）	50%
10金（10K）	41.7%

彩金

Au + Ag + Cu ⟶ 黄色彩金

Au + Ag ⟶ 绿色彩金

Au + Cu ⟶ 红色彩金

80 Hg 汞 *Mercury*

金属元素

- 原子量：200.59
- 颜色：银白色
- 熔点：−38.87℃
- 来源：自然汞、辰砂等矿物
- 形态：液体
- 密度：13 546 kg/m³
- 沸点：356.58℃

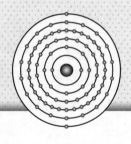

⚛ 曾被珍视为长生不老药的毒药

汞是少有的在常温常压下呈液态的金属，在自然界中主要以辰砂（硫化汞矿物）的形式存在。辰砂呈朱红色，加上汞性质独特，所以古人认为辰砂是具有神秘力量的物质，一直将辰砂当作炼制长生不老药和炼金的材料等。

过去还用汞金合金来镀金，用汞银合金进行牙科治疗等，但由于汞的毒性很强，如今几乎不这样做了。日本四大公害病中的水俣病及第二水俣病，都是工厂排出的有机汞导致水污染而引发的。

主要用途 制造体温计、血压计、荧光灯、印泥等。

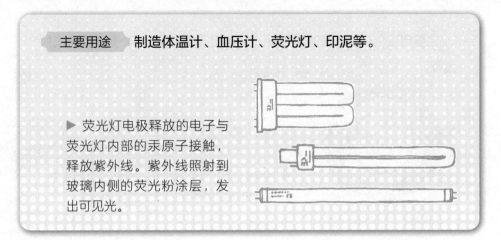

▶ 荧光灯电极释放的电子与荧光灯内部的汞原子接触，释放紫外线。紫外线照射到玻璃内侧的荧光粉涂层，发出可见光。

81 Tl 铊 *Thallium*

金属元素

硼族元素

稀有金属

- 原子量：204.38
- 颜色：银白色
- 熔点：304℃
- 来源：硒铊银铜矿、红铊矿等矿物
- 形态：固体
- 密度：11 850 kg/m³
- 沸点：1 457℃

用于制造美容产品的有毒物

铊是一种非常柔软的金属，用刀也无法切断，有剧毒，进入人体会阻碍氧的利用，严重时可导致死亡。此外，铊的脱毛效果很强，在发现其毒性之前，铊曾被用于制造脱毛膏。

铊汞合金可用于制造低温温度计。现在，利用氯化物因放射线而影响发酵的性质，铊被用于制造放射性测量设备。此外，铊的放射性同位素还被用于心脏检查。

主要用途 制造低温温度计、放射性测量设备，用于心肌血流检查等。

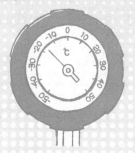

◀ 铊汞合金比汞单质的熔点更低，可用来制造在南极观测时使用的低温温度计。

82 Pb 铅 *Lead*

金属元素

碳族元素

- 原子量：207.2
- 颜色：白色
- 熔点：327.5℃
- 来源：方铅矿、白铅矿等矿物
- 形态：固体
- 密度：11 350 kg/m³
- 沸点：1 740℃

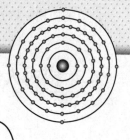

古罗马的水管曾用铅制造

铅质地柔软容易加工，可以从矿石中轻松提取，自古以来就被用于制造餐具、颜料、医药品，以及进行金属焊接等。据说，自古埃及和古罗马时起就开始使用铅进行焊接。此外，古罗马时期在羊皮纸上书写的书写工具及水管都是使用铅制造的。

铅具有毒性，会导致贫血、神经障碍等症状。古罗马和中世纪时期欧洲人有用铅制造的杯子

▲ 罗马时期使用的水管。当时的水管大部分是用石头制造的，但部分地区使用铅制造水管。当时的一些水管遗留至今。

饮水的习惯，由此很多人可能发生铅中毒。此外，日本过去使用铅制造化妆用的白粉，以致经常使用这种白粉化妆的歌舞演员发生铅中毒。

 ## 铅对人体有毒，但仍是一种有用的金属

铅曾广泛应用于各种领域，但现在人们都在研究用什么来代替铅，已经很少使用铅制造日常生活用品，欧洲国家甚至限制在电子产品中使用铅了。

现在，铅的主要用途包括制造汽车电池中的铅蓄电池、防止放射线的铅玻璃等。此外，铅还被用于制造钓鱼用的铅坠、霰弹枪的子弹等。虽然铅有毒，但铅仍然是一种有用的金属，只要注意使用，相信今后会在意想不到的领域得到充分应用。

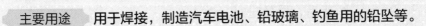

主要用途 用于焊接，制造汽车电池、铅玻璃、钓鱼用的铅坠等。

◀ 制造汽车电池的电极，离不开价格低廉且发电效率高的铅。

▶ 水晶玻璃属于铅玻璃的一种，由于其外观像水晶一样闪亮透明，常被用于制造餐具、装饰品、工艺品等。

83 Bi 铋 *Bismuth*

半金属元素

氮族元素

稀有金属

- 原子量：208.98
- 颜色：银白色
- 熔点：271.3℃
- 来源：辉铋矿、铋华等矿物
- 形态：固体
- 密度：9 747 kg/m³
- 沸点：1 610℃

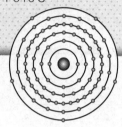

肠胃药背后的主角，将导致腹痛的物质无害化

铋常用于制造肠胃药。肠胃出现不适时，体内会产生有毒的硫化氢，导致腹痛。而次硝酸铋可以与硫化氢发生反应，从而使硫化氢变成无害的物质。

铅铋合金在70℃就熔化，可用来制造防止电流过大的保险丝及喷水枪喷头销子等。此外，铋还具备在低温下电阻为零的超导性质，所以部分电缆使用铋制造。

主要用途 制造肠胃药、保险丝、喷水设备、电缆等。

▶ 喷水枪喷头上的铋合金销子，遇热会熔化，从而喷出水。

◀ 肠胃药中使用的次硝酸铋，还有望用于癌症治疗中。

84 Po 钋 *Polonium*

半金属元素

氧族元素

- 原子量：（209）
- 颜色：银白色
- 熔点：254℃
- 来源：铀矿等矿物

- 形态：固体
- 密度：9 320 kg/m³
- 沸点：962℃

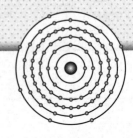

可以消除各种物质上的静电

钋元素是居里夫妇发现的元素，并根据居里夫人的祖国名字"波兰"命名为"Polonium"。钋有很多同位素，并且都有放射性，辐射强度是铀的100亿倍。钋还有挥发性，放置不管就会直接变成气体在空气中扩散。因此，钋是一种很难处理的物质。

钋可用来制造利用放射性发电的核电池及核武器的起爆装置等。

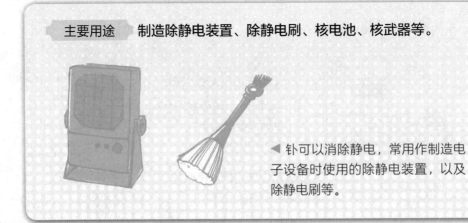

主要用途 制造除静电装置、除静电刷、核电池、核武器等。

◀钋可以消除静电，常用作制造电子设备时使用的除静电装置，以及除静电刷等。

85 At 砹 *Astatine*

半金属元素

卤族元素

- 原子量：（211）
- 颜色：银白色
- 熔点：302℃
- 来源：人工核反应（人工放射性元素）
- 形态：固体
- 密度：–①
- 沸点：337℃

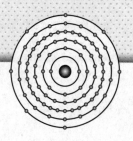

⚛ 备受期待的癌症治疗药物

砹非常不稳定，半衰期（原子核有半数发生衰变时所需要的时间）很短，人们对它的了解还很有限。由于原子核衰变，砹在自然界中存量极微，基本上都是使用实验装置轰击铋而制得。

现在，人们正在研究利用砹的放射线（α射线）杀死癌细胞来治疗癌症的方法。虽然仍然存在很多待解决的问题，如怎样将砹运送到癌细胞处等，但将来也许会迎来利用砹来治疗癌症的时代。

主要用途　治疗癌症（正在研究中）。

▶ 将砹运送到癌细胞处，需要让砹与起运送作用的物质相结合，相关研究正在进行中。

---

① 本书中用"–"表示元素的该种性质尚不明确。

86 Rn 氡 *Radon*

非金属元素　稀有气体

- 原子量：（222）
- 颜色：无色
- 熔点：−71℃
- 来源：地下水、温泉水、镭制品
- 形态：气体
- 密度：9.73 kg/m³
- 沸点：−61.8℃

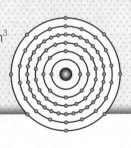

能起地震预警作用？！氡的神奇性质

氡的所有同位素均为放射性同位素，可以放出高辐射强度的放射线。由于很难处理，所以几乎不被用于我们身边的日常用品上。过去，氡曾被用于非破坏性检查（检查物品内部情况时，不破坏物品本身）及癌症治疗等。

自然界中，温泉水中有可能含有氡，含氡量达到一定程度的温泉叫作氡温泉。据说，微量的氡的放射线可以激发身体组织活性，对治疗风湿等疾病有效。不过，这一效果目前还没有得到科学证明。

主要用途　进行地震预警等（正在研究中）。

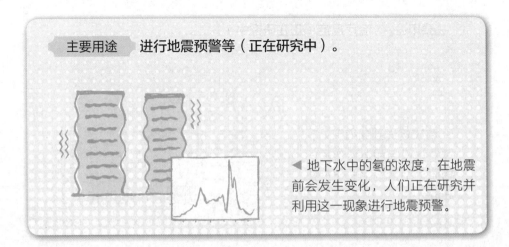

◀地下水中的氡的浓度，在地震前会发生变化，人们正在研究并利用这一现象进行地震预警。

元素知识
小测试

3 第5周期、第6周期元素

Q1 锶可以用来制造什么颜色的烟花?

① 黄色 ② 蓝色 ③ 红色 ④ 绿色

Q2 含有钇,被用于制造人工宝石、也被用于制造激光发生器的矿物是什么?

① SLB ② YAG ③ POG ④ TOG

Q3 核电站中,利用锆难以吸收中子的特性而制造的东西是什么?

① 燃料池 ② 控制棒
③ 堆芯冷却装置 ④ 燃料棒包壳

Q4 钼与人体生成什么有关?

① 尿液 ② 胃液 ③ 胆汁 ④ 唾液

Q5 因钌的相关研究而获诺贝尔奖的日本人是下列哪位?

① 汤川秀树 ② 江崎玲于奈
③ 田中耕一 ④ 野依良治

Q6 钯能够吸收相当于自身体积900倍的物质是什么?

① 氢 ② 氧 ③ 氮 ④ 碳

Q7 最近受到关注的银的意外功能是什么？

① 磁力　② 分子间作用力
③ 杀菌力　④ 复原力

Q8 镉导致的公害病是什么？

① 水俣病　② 四日市哮喘
③ 川崎病　④ 痛痛病

Q9 因在通电过程中也能保持透明的特性，被用于制造液晶电视显示屏等的物质是什么？

① 氧化铝　② 氧化铟锡
③ 溴化银　④ 二氧化锆

Q10 利用碲在不同温度下在结晶和非结晶状态间转换的性质制造而成的东西是什么？

① DVD　② MD　③ 闪存　④ 录像带

Q11 隼鸟号小行星探测器的引擎推进剂使用了下列哪种物质？

① 碘　② 氙　③ 锑　④ 铟

Q12 用来制造原子钟，其原子放出电磁波的周期被用来定义"1秒"，这种元素是什么？

① 铈　② 铷　③ 钕　④ 铯

Q13 硝酸钡可以制造什么颜色的烟花？

① 蓝色　② 红色　③ 绿色　④ 黄色

Q14 最强磁性的磁铁，其主要原料是下列哪种镧系元素？

① 钷　② 钕　③ 镧　④ 铽

Q15 下列哪种金属与钴的合金可以制造强磁性的磁铁?

①锗 ②钆 ③钬 ④钐

Q16 具有使光信号增幅的性质，用于制造光纤增幅器的镧系元素是什么?

①铒 ②镧 ③镥 ④钐

Q17 被广泛用于制造灯丝的金属是什么?

①铼 ②钽 ③钨 ④铱

Q18 差点被命名为"Nipp-onium"的75号元素是什么?

①钽 ②钨 ③铼 ④铱

Q19 国际千克原器是由铂与什么金属的合金打造的?

①钇 ②铱 ③锇 ④铪

Q20 唯一一种在常温常压下呈液态的金属是什么?

①汞 ②铊 ③铋 ④铌

☞答案见第233页。

87 Fr 钫 *Francium*

金属元素

碱金属

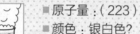

- 原子量：（223）
- 颜色：银白色?
- 熔点：-
- 来源：铀矿石等矿物
- 形态：固体
- 密度：-
- 沸点：-

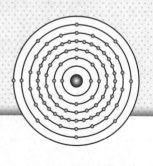

 ## 最后被发现的天然元素

钫元素是最后被发现的天然放射性元素，由法国居里研究所的女科学家玛格丽特·佩里（Marcerite Perey）发现，钫的英文名称"Francium"，是为纪念她的祖国法国而命名的。钫是铀在衰变过程中生成的放射性元素。因此，铀矿石中含有极微量的钫，但是由于半衰期很短，有关钫的详细数据和化学性质大都还不明确。

过去，人们曾研究过利用钫制造癌症治疗药物，但由于其性质不稳定且存量很少，相关研究并无成果。

使原子发生变化的原子核衰变

一部分原子的原子核不稳定，会放出粒子或能量并变成别的原子，这种现象被称为衰变。有些原子衰变一次后仍不稳定，会反复衰变直至稳定下来，这种变化过程被称为衰变链。例如氡，就是钍经过反复衰变，变成镭，最终由镭衰变而来。

■自然界中存在的衰变链种类

○钍衰变链
钍-232→铅-208（稳定）

○锕衰变链
铀-235→铅-207（稳定）

○铀衰变链
铀-238→铅-206（稳定）

○镎衰变链
镎-237→铊-205（稳定）
（实际上，自然界中并不存在）

88 Ra 镭 *Radium*

金属元素

碱土金属

- 原子量：(226)
- 颜色：银白色
- 熔点：700℃
- 来源：铀矿石

- 形态：固体
- 密度：5 000 kg/m³
- 沸点：1140℃

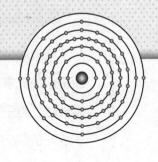

居里夫妇穷尽一生研究的元素

居里夫妇在发现钋元素之后，又发现了镭元素。他们希望镭能应用于医疗领域，于是穷尽一生进行研究。现在镭和铀一样，都是非常有名的放射性元素。

镭曾被应用于医疗和夜光涂料等领域。但由于镭会衰变成放射性气体氡，因此很难处理，现在这些领域已经不再使用镭，而是改由其他元素代替了。

主要用途 在温泉中衰变成氡。

▶ 一些温泉中含有镭衰变后产生的氡，但这种温泉的效果尚未得到科学证明。

什么是锕系元素？

　　元素周期表第7周期ⅢB族与第6周期ⅢB族一样，存在15种性质相似的元素，这些元素统称为"锕系元素"。锕系元素与镧系元素一样，电子更倾向于进入内部电子层，决定元素性质的最外层电子数都是固定的（2个）。因此，锕系元素都具有相似的性质。

　　锕系元素都是放射性元素，半衰期很短，因此其更全面的化学性质并不为人们所知。比铀的原子序数大的元素，除镎和钚在铀矿石中有微量存在外，其余的元素是自然界中不存在的人造元素。

89 Ac 锕 *Actinium*

金属元素

过渡元素

A_c

锕系元素

■原子量：（227）
■颜色：银白色
■熔点：1 050℃
■来源：铀矿石

■形态：固体
■密度：10 060 kg/m³
■沸点：3 200℃

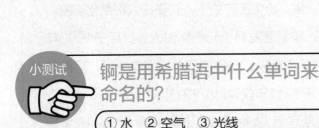

小测试

锕是用希腊语中什么单词来命名的?

① 水　② 空气　③ 光线

（答案：③）

因发光而得名

　　锕是由一直协助居里夫妇研究的法国化学家安德烈-路易·德比埃尔内（André-Louis Debierne）从闪铀矿中分离铀时，在铀矿渣中发现的。

　　锕的单质是银白色的固体，可以释放出能量强于镭50倍的放射线，在暗处可看到锕散发着蓝白色的光。因此，最终根据希腊语"光线"一词来命名锕。可通过中子轰击镭来人工生成锕。

居里夫妇与德比埃尔内

居里夫妇分别指皮埃尔·居里（Pierre Curie，出生于法国）和玛丽·居里（Marie Curie，出生于波兰），夫妻二人均是化学家、物理学家。他们丁1898年相继发现新元素钋和镭，其后于1903年共同获得诺贝尔物理学奖。后来，皮埃尔因车祸不幸去世，玛丽则继续对镭进行研究，并于1911年获得诺贝尔化学奖。

德比埃尔内一直协助居里夫妇的研究，他本人也于1899年发现新元素锕。

▶ 居里夫妇（左、中）和德比埃尔内（右）

90 Th 钍 *Thorium*

金属元素

过渡元素

镧系元素

- 原子量：232.04
- 颜色：银白色
- 熔点：1 750℃
- 来源：独居石、钍石等矿物
- 形态：固体
- 密度：11 720 kg/m³
- 沸点：4 790℃

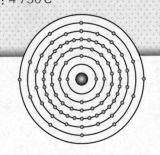

可代替铀的新核燃料？！

　　钍与铀一样，都是很早就被发现的镧系元素，曾被用于制造煤气灯的白热纱罩和用于X光机观察的造影剂等。钍在自然界中的储量比铀更丰富，人们正在研究将钍用作核电站的核燃料。

主要用途　电弧焊、恒星观测研究等。

目前，钍除了被用于电弧焊外，还被用于天文观测中。通过分析天体中钍发出的光，可帮助测定银河系年代。

91 Pa 镤 *Protactinium*

金属元素

过渡元素

锕系元素

- 原子量：231.04
- 颜色：银白色
- 熔点：1 840℃
- 来源：铀矿石

- 形态：固体
- 密度：15 370 kg/m³
- 沸点：－

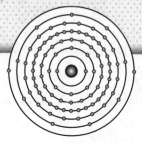

 ## 名为"锕的来源"的元素

1918年，欧洲各地的许多研究者几乎同时发现了镤。"Protactinium"意为"锕的来源"，因为镤衰变后变成锕，所以得名。

主要用途 测定海底沉积层的年代。

镤在自然界中储藏量很少，具有毒性，实际用途很少，可用来测定海底沉积层的年代。

92 U 铀 *Uranium*

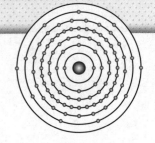

金属元素　过渡元素　镧系元素

- 原子量：238.03
- 颜色：银白色
- 熔点：1 132.3℃
- 形态：固体
- 密度：18 950kg/m³
- 沸点：3 745℃
- 来源：闪铀矿、沥青铀矿、钒钾铀矿等矿物

 为人类带来恩惠和悲剧的元素

　　铀很早就为人所知，是核能开发原料的主角，受到广泛研究和利用。铀作为核能发电的燃料给人类带来恩惠，但另一方面，铀也是给人类带来悲剧的核武器的原料。此外，核电站事故产生的放射性污染也带来非常严重的问题。

> **主要用途**　制造核武器、核能发电的核燃料、瓷器和玻璃的着色材料等。
>
> 铀可用于核能发电，但其安全性是一个重大的问题。

93 Np 镎 *Neptunium*

金属元素

过渡元素

锕系元素

■原子量：（237）　　■形态：固体
■颜色：银白色　　　　■密度：20 250 kg/m³
■熔点：640℃　　　　 ■沸点：3 900℃
■来源及来源：人工核反应（人工放射性元素），铀矿石

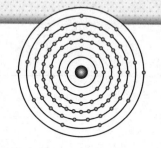

 宇宙探测器的原动力

　　镎、钚之后的元素基本上是在自然界中不存在的人工放射性元素，也被称为"超铀元素"。宇宙探测器上搭载的核电池用到的钚-238，由镎衰变而成。

主要用途　核电池燃料（钚-238）的原料。

伽利略号木星探测器使用了由镎衰变而成的钚-238作为燃料。

94 Pu 钚 *Plutonium*

金属元素

过渡元素

铜系元素

- 原子量：(239)
- 颜色：银白色
- 熔点：641℃
- 来源及来源：人工核反应（人工放射性元素），铀矿石

- 形态：固体
- 密度：19 840 kg/m³
- 沸点：3 232℃

小测试

使用钚铀氧化物的核反应堆进行发电，这种发电方式叫作什么？

① 核融合发电　② 扬水式发电　③ 钚热发电

（答案：③）

✳ 人类仍无法完全掌控的放射性元素

钚是铀在核反应堆内核裂变产生的。同铀一样，用中子轰击钚会引起核裂变，对钚进行再处理可用作核燃料（钚铀氧化物混合燃料）。这种燃料除了可用于快中子增殖反应堆（如日本福井县的"文殊"核反应堆）外，还可用于钚热发电（在轻水反应堆中燃烧钚铀氧化物混合燃料）。

钚具有极强的放射性和毒性，人体吸收了放射性物质，就有可能引发癌症。此外，钚可被用于制造原子弹。可以说，钚是一种存在安全隐患的物质。

主要用途 制造核能发电的核燃料、核武器等。

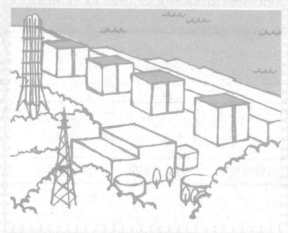

▲ 日本发生"3·11"特大地震时，福岛县第一核电站3号机组正在进行钚热发电。

95 Am 镅 *Americium*

金属元素

过渡元素

锕系元素

- 原子量：（243）
- 颜色：银白色
- 熔点：1 172℃
- 来源：人工核反应（人工放射性元素）
- 形态：固体
- 密度：13 670 kg/m³
- 沸点：2 607℃

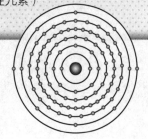

 美国将镅用于烟雾感应器中

镅的英文名称源于"America"（美洲大陆）。镅是一种放射性元素，在核反应堆中用中子轰击钚时会大量产生。利用其放射性会受烟雾影响的性质，可用于制造烟雾感应器的传感装置。

主要用途 制造烟雾感应器、中子源等。

美国的烟雾感应器普遍使用镅制造，但日本主流的烟雾感应器并不是使用镅制造的。

96 Cm 镅 *Curium*

金属元素

过渡元素

锕系元素

- 原子量：（247）
- 颜色：银白色
- 熔点：1 340℃
- 来源：人工核反应（人工放射性元素）

- 形态：固体
- 密度：13 300 kg/m³
- 沸点：–

 解析月球和火星之谜

　　镅的英文名称是用来纪念对放射性研究奉献一生的居里夫妇的。镅可用于制造搭载在太空探测器上以检测天体构成的 α 射线散射检测器。迄今为止，这种检测器已在探测月球和火星的构成方面取得了很多成果。

　　主要用途　制造检测岩石构成的检测器。

　　月球探测器"勘测者5号"等就搭载了用镅制造的检测器。

97 Bk 锫 *Berkelium*

金属元素

过渡元素

锕系元素

- 原子量：（247）
- 颜色：银白色
- 熔点：1 047℃
- 来源：人工核反应（人工放射性元素）

- 形态：固体
- 密度：14 790 kg/m³
- 沸点：-

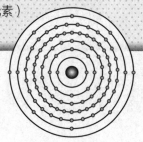

名称取自学校所在城市之名

1949年，美国物理学家格伦·西奥多·西博格（Glenn Theodore Seaborg）等人在加利福尼亚大学伯克利分校用氦离子轰击镅得到了锫。锫的英文名称取自学校所在城市"Berkeley"（伯克利）之名。

加利福尼亚大学伯克利分校

锫、镅、锔等很多锕系元素被发现，都与加利福尼亚大学伯克利分校有关。西博格于1951年获得诺贝尔化学奖。

98 Cf 锎 *Californium*

金属元素

过渡元素

锕系元素

- 原子量：（252）
- 颜色：银白色（预测）
- 熔点：900℃
- 形态：-
- 密度：-
- 沸点：-
- 来源：人工核反应（人工放射性元素）

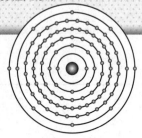

 ## 生成量极微的稀有元素

人工核反应获得锎需要耗费很多时间且生成量极微。即使不给予特别刺激，锎也会自行裂变。因此，锎可在使用放射线进行非破坏性检查或地下资源勘测时用作中子源。

主要用途 进行非破坏性检查、地下资源勘测等。

利用锎，可以在不破坏物品的情形下对物品内部进行检测，因此可用于机场等行李安全检查等。

99 Es 锿 *Einsteinium*

金属元素

过渡元素

A_c

镧系元素

- ■ 原子量 :（252）
- ■ 颜色 : 银白色（预测）
- ■ 熔点 : 860℃
- ■ 来源 : 人工核反应（人工放射性元素）
- ■ 形态 : 固体
- ■ 密度 : -
- ■ 沸点 : -

 以著名理论物理学家姓氏冠名的元素

  锿是在太平洋埃尼威托克环礁进行的氢弹爆炸试验过后，从落在周边地区的放射性沉降物（"死亡之灰"）中偶然发现的。元素名称取自阿尔伯特·爱因斯坦（Albert Einstein）的姓氏。爱因斯坦提出了相对论，对核能开发产生很大影响。

反对核武器的爱因斯坦

虽然锿元素是与核武器有着深度联系的元素，并以爱因斯坦的姓氏来命名，但爱因斯坦于1955年签署了呼吁废除核武器及和平利用科学技术的《罗素－爱因斯坦宣言》。

100 Fm 镄 *Fermium*

金属元素

过渡元素

A_c

锕系元素

- ■ 原子量：（257）
- ■ 颜色：银白色（预测）
- ■ 熔点：-
- ■ 来源：人工核反应（人工放射性元素）
- ■ 形态：固体
- ■ 密度：-
- ■ 沸点：-

名称取自核能开发推进者的姓氏

镄与锿均是在1952年的氢弹爆炸试验中被发现的。镄的名称取自在美国核能开发"曼哈顿计划"中担任核心职务的意大利裔著名物理学家恩利克·费米（Enrico Fermi）的姓氏。

建立世界上第一座核反应堆的费米

费米建立的核反应堆，后来被用于提取核武器的原料钚。不过，费米也反对开发能夺去无数生命的氢弹。

101 Md 钔 *Mendelevium*

金属元素

过渡元素

A

C

镧系元素

- 原子量：(258)
- 颜色：银白色（预测）
- 熔点：–
- 形态：固体
- 密度：–
- 沸点：–
- 来源：人工核反应（人工放射性元素）

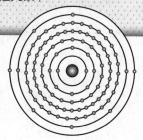

元素名称取自元素周期表的发明者

1955年，加利福尼亚大学的西博格等人通过回旋加速器加速原子核，加速后的原子核相互碰撞生成了钔。他们以发明元素周期表的俄国化学家门捷列夫的姓氏来命名钔，以纪念门捷列夫的贡献。

核聚变产生新元素

原子序数排在钔之后的元素因过重而无法在核反应堆中生成，只能通过电子加速器、回旋加速器等加速已有原子的原子核，使它们相互碰撞来生成。

102 No 锘 *Nobelium*

金属元素

过渡元素

锕系元素

■原子量：(259)
■颜色：银白色（预测）
■熔点：-
■来源：人工核反应（人工放射性元素）

■形态：-
■密度：-
■沸点：-

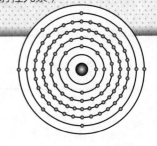

锘由哪国发现，存在争议

瑞典的诺贝尔物理学研究所和美国的加利福尼亚大学都宣称己方最先发现锘，瑞典一方将其命名为"Nobelium"。虽然最终定为是美方最先发现锘的，但仍沿用"Nobelium"来作为锘的名称。

元素名称由谁决定？

新元素被发现后，要经由国际纯粹与应用化学联合会认证，认证通过后方能将新元素添加进元素周期表，并将命名权授予发现者。

103 Lr 铹 *Lawrencium*

金属元素

过渡元素

Ac
镧系元素

■原子量：（262）　　■形态：固体
■颜色：银白色（预测）　■密度：－
■熔点：－　　　　　　 ■沸点：－
■来源：人工核反应（人工放射性元素）

 元素名称取自发现新元素必不可少的加速器的发明者的姓氏

　　1961年，美国加利福尼亚大学研究者以硼离子轰击锎原子，生成铹。1967年，苏联的研究者以氧离子轰击镅原子，也生成了铹。为纪念发明回旋加速器的欧内斯特·劳伦斯（Ernest Lawrence），取其姓氏"Lawrence"来命名该元素。

很长一段时间内，铹都是原子序数最大的元素

原子序数大于103的元素，直到1997年才被正式认可。因此，在1997年之前的30多年间，铹都是原子序数最大的元素。

104 Rf 鈩 *Rutherfordium*

金属元素

过渡元素

- 原子量 :（261）
- 颜色 : 银色（预测）
- 熔点 : –
- 形态 : –
- 密度 : 23 000 kg/m³（预测）
- 沸点 : –
- 来源 : 人工核反应（人工放射性元素）

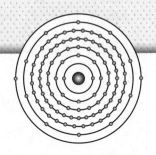

 ## 美、苏展开发现争夺战

1964年，苏联团队发现了鈩，但验证实验一直没有顺利通过。1969年，美国团队发现鈩后进行了分析，并将其命名为 "Rutherfordium"，以纪念提出原子模型的英国物理学家欧内斯特·卢瑟福。

超锕系元素

原子序数大于103的元素被称为 "超锕系元素" 或 "超重元素"。此外，预言将被发现的可进入元素周期表ⅢB族第8周期的元素（尚未被发现），有时也被称为 "超锕系元素"。

105 Db 钍 *Dubnium*

金属元素

过渡元素

■原子量：（262）　　　　■形态：–
■颜色：银色（预测）　　　■密度：29 000kg/m³（预测）
■熔点：–　　　　　　　　■沸点：–
■来源：人工核反应（人工放射性元素）

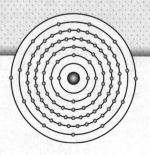

 ## 俄方赢得了命名权

与𬬻相同，美、苏也就哪方首先发现钍而产生争议。"Dubnium"一名源于苏联的杜布纳研究所。𬬻和钍都是在苏联解体后，于1997年确定正式名称的。

原计划的元素名称，成为排在其后一位元素的名称

"Dubnium"一名本是俄方准备用作104号元素（𬬻）的名称。但是，104号元素最终被命名为"Rutherfordium"，于是，"Dubnium"便成为105号元素（钍）的名称。

106 Sg 𨭎 *Seaborgium*

金属元素

过渡元素

- 原子量：（263）
- 颜色：银色（预测）
- 熔点：–
- 形态：–
- 密度：–
- 沸点：–
- 来源：人工核反应（人工放射性元素）

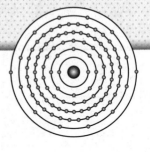

元素名称取自锕系元素的发现者

为纪念发现了很多锕系元素的加利福尼亚大学伯克利分校的西博格，106号元素被命名为"Seaborgium"。美、苏（俄）双方就𨭎的发现也产生了争议，从发现到确定名称经历了20多年时间。

新元素命名权背后的交易？！

据说，美、苏（俄）之间就新元素的命名背后有过商谈，最终决定将105号元素命名为钍，将106号元素命名为美方主张的𨭎。

107 Bh 𨨏 *Bohrium*

金属元素

过渡元素

- 原子量：（272）
- 颜色：银色（预测）
- 熔点：-
- 形态：-
- 密度：37 000 kg/m³（预测）
- 沸点：-
- 来源：人工核反应（人工放射性元素）

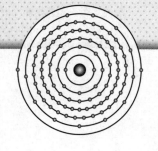

 打响德国接连发现新元素的第一炮

𨨏是1981年德国重离子研究所（GSI）用铬原子轰击铋原子时发现的。为纪念推动量子力学发展的丹麦物理学家尼尔斯·玻尔（Niels Bohr），𨨏元素被命名为"Bohrium"。

不能以一个人的全名来命名元素名称！

当初，德国和俄国主张用玻尔的全名来命名新元素𨨏，但因为没有这类先例，最后还是命名为"Bohrium"。

108 Hs 镙 *Hassium*

金属元素

过渡元素

- 原子量：(277)
- 颜色：银白色（预测）
- 熔点：-
- 来源：人工核反应（人工放射性元素）
- 形态：-
- 密度：41 000 kg/m³（预测）
- 沸点：-

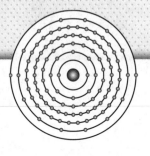

化合物中原子质量最大的元素

1984年，德国重离子研究所发现镙，并以研究所所在地对其命名。2002年，瑞士的研究所成功地合成四氧化镙。镙是化合物中质量最大的元素。

不断发现新元素的重离子研究所

在107号元素铍被发现之前，一直是美国在不断地发现新元素；在发现铍后，变为德国重离子研究所在不断地发现新元素。

109 Mt 鿏 *Meitnerium*

金属元素

过渡元素

■原子量：（276）
■颜色：银白色（预测）
■熔点：－

■形态：－
■密度：－
■沸点：－

■来源：人工核反应（人工放射性元素）

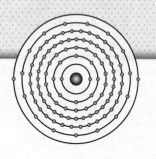

⚛ 存在时间短的超锕系元素

1982年，德国重离子研究所用铁原子轰击铋原子发现了鿏。因鿏的半衰期非常短，几乎瞬间就会衰变，所以对其性质尚不明了。一般认为，鿏的性质可能与同属Ⅷ族的铱相似。

唯一一种为纪念女性科学家而得名的元素

为纪念奥地利物理学家莉泽·迈特纳（Lise Meitner），鿏元素被命名为"Meitnerium"。因为锔是为纪念居里夫妇而得名的，所以，鿏是唯一一种名称源自女性科学家姓名的元素。

110 Ds 鿏 *Darmstadtium*

金属元素

过渡元素

- 原子量：（281）
- 颜色：银白色（预测）
- 熔点：–
- 形态：–
- 密度：–
- 沸点：–
- 来源：人工核反应（人工放射性元素）

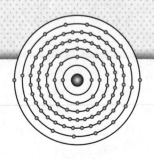

 ## 以重离子研究所所在城市命名

1994年，德国重离子研究所发现鿏，并以研究所所在城市达姆施塔特（Darmstadt）命名。鿏是用镍原子轰击铅原子而生成的，但它与镙一样都在瞬间衰变，具体性质尚不明确。

元素的日语名称由谁决定？

当国际纯粹与应用化学联合会公布新元素名称后，日本化学会就会召集化合物命名法委员会，商定元素的日语名称。新元素的日语名称会根据《化合物名日语表记原则》命名。

---

111 Rg 铊 *Roentgenium*

金属元素

过渡元素

- 原子量：（280）
- 颜色：-
- 熔点：-
- 来源：人工核反应（人工放射性元素）
- 形态：固体（预测）
- 密度：-
- 沸点：-

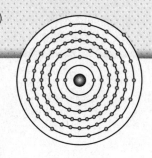

⚛ 以X射线发现者的姓氏命名的元素

1994年，德国重离子研究所在发现铋后短短一个月就发现了铊，并以发现X射线的德国物理学家威廉·伦琴（Wilhelm Roentgen）的姓氏来命名。一般认为其化学性质与同属IB族的金、银相似。

发现X射线后约100周年

将111号元素命名为铊，是因为发现该元素的1994年12月8日距伦琴发现X射线（1895年11月8日）约100周年。

112 Cn 鎶 *Copernicium*

金属元素

- ■原子量：(285)
- ■颜色：–
- ■熔点：–
- ■形态：液体（预测）
- ■密度：–
- ■沸点：–
- ■来源：人工核反应（人工放射性元素）

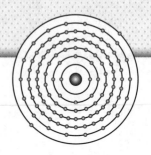

 ## 与汞一样在常温下呈液态？

德国重离子研究所于1996年发现鎶，2010年被正式认定为新元素。有关鎶的化学性质尚不明确，但一般认为鎶可能与同属于ⅡB族的汞一样，在常温常压下呈液态。

与哥白尼（Copernic）生日相同

为纪念波兰天文学家哥白尼，2010年2月19日，国际纯粹与应用化学联合会公布鎶元素名称为"Copernicium"，这天正是哥白尼的生日。

今后仍将不断增加新元素

原子序数越大的元素，其质子数和中子数越多，因此更不稳定，即使存在，其原子核也会迅速衰变，变成其他原子。具体来讲，排在第93号元素镎之后的元素在自然界中都不存在，都是研究机构制成的人工放射性元素。

人工放射性元素一般是通过核反应堆、加速器等特殊装置让不同元素的原子互相碰撞生成的。然而，即使生成了新的元素，也不会马上得到公认，在被正式公布为新元素之前，需要做很多实验来验证，这个过程要消耗很多时间和精力。

新元素从被发现到得到公认期间，都属于未认定元素。第114号元素铁和第116号元素铊，从被发现到得到公认均经过10年以上的时间，直到2012年才被正式认定为新元素。

据某位学者称，可能存在的元素能排到元素周期表的第173号。随着科学技术的不断发展，今后元素的数量还有可能继续增加。

113 Nh 铱 *Nihonium*

- ■原子量：（284）
- ■颜色：-
- ■熔点：-
- ■形态：-
- ■密度：-
- ■沸点：-
- ■来源：人工核反应（人工放射性元素）

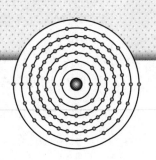

⚛ 日本发现的新元素

元素周期表中第93号元素镎之后、第106号元素𬭛之前的超铀元素，基本都发现于美、苏争霸期间。其后，从1981年发现的第107号元素𨨏到第112号元素鿔，都是德国重离子研究所发现的。

打破这种大国垄断发现局面的就是第113号元素。2004年，日本独立行政法人理化学研究所用锌原子轰击铋原子，发现第113号元素。在此之前，俄罗斯的一家研究所和美国的一家实验室曾号称发现第113号元素，但其数据并不充分。

2015年12月，国际化学机构将第113号元素正式认定为新元素，并将命名权授予日本。2016年，日本理化学研究所将第113号元素冠以日本英文国名（Nihon），命名为"Nihonium"（缩写为Nh）。

第113号元素诞生过程

日本理化学研究所使用第30号元素锌原子轰击第83号元素铋原子，得到了第113号元素（30+83=113）。

① 使用加速器加速锌原子

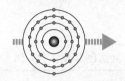

普通元素的原子正常接近也会相互排斥，因此要将原子加速到超过排斥强度的速度。

② 用锌原子轰击铋原子

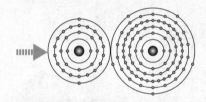

原子不相互碰撞就无法成功，在近80天内轰击次数达到了1.7×10^{19}次。

③ 发生核聚变

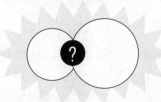

成功碰撞的原子发生核聚变。

④ 新元素诞生

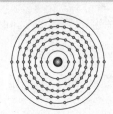

释放中子，成为新的第113号元素。然而，它的寿命只有万分之三秒，瞬间就开始衰变。

114　Fl　铁　*Flerovium*

■原子量：（289）　　　■形态：－
■颜色：－　　　　　　　■密度：－
■熔点：－　　　　　　　■沸点：－
■来源：人工核反应（人工放射性元素）

新元素

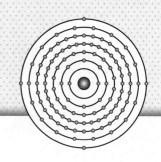

小测试　第 114 号元素名称取自什么？

① 研究所创立者　② 研究所所在地　③ 实验室创立者

（答案：③）

⚛ 2012年得到公认的新元素之一

1998年，位于俄罗斯杜布纳联合核研究的弗洛伊洛夫核反应实验室使用钙原子轰击钚原子发现第114号元素。后来，美国和德国又分别于2009年、2010年相继确认发现该元素。2012年，第114号元素得到正式确认。在得到确认之前，第114号元素一直被暂称为"Ununquadium"，即拉丁语"114"。"Flerovium"一名取自弗洛伊洛夫核反应实验室创立者的姓名。

▲弗洛伊洛夫

铁的元素名称取自物理学家乔治·弗洛伊洛夫（Georgy Flyorov）的姓名，他是俄罗斯弗洛伊洛夫核反应实验室的创立者。

在众多超锕系元素中，铁元素属于原子核较为稳定的元素，其同位素中，有的半衰期可能长达数年。因此，人们有望研究铁的化学性质。

就目前而言，铁在元素周期表中位于铅之下，其性质可能与铅相似。另一种说法认为，铁的性质可能与稀有气体中的氡相似。

115 Mc 镁 *Moscovium*

■原子量：（288） ■形态：-
■颜色：- ■密度：-
■熔点：- ■沸点：-
新元素
■来源：人工核反应（人工放射性元素）

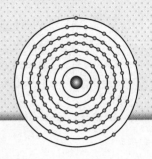

俄、美合作发现的元素

2003年，俄罗斯杜布纳联合核研究所与美国劳伦斯利弗莫尔国家实验室合作，用钙原子轰击镅原子发现第115号元素。2016年6月8日，国际纯粹与应用化学联合会宣布，将第115号化学元素提名为化学新元素。

镁元素的性质如何？

具体化学性质尚不明确，镁元素属于VA族，位于铋元素之下，据此可推测其为银白色金属元素。

116 Lv 鿏 *Livermorium*

■原子量：（293）   ■形态：–
■颜色：–   ■密度：–
■熔点：–   ■沸点：–
■来源：人工核反应（人工放射性元素）

新元素

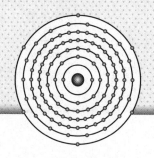

小测试

第 116 号元素鿏的名称取自什么？

① 发现者   ② 研究所创立者   ③ 研究所及其所在地名称

（答案：③）

与鿏一起于2012年得到公认的元素

2000年，俄罗斯弗洛伊洛夫核反应实验室与美国劳伦斯利弗莫尔国家实验室共同研究，用钙轰击锔得到第116号元素。2012年，该元素被正式认定为"鿏"。在获得正式认定之前，一直使用拉丁语"116"，即"Ununhexium"来指称该元素。第116号元素曾经被命名为"Moscovium"，取自俄方研究所所在地"Moscow"（莫斯科），但最终的名称取自美方劳伦斯利弗莫尔国家实验室及其所在地"Livermore"（利弗莫尔）。

从元素周期表上看，鿏与碲、钋同属于VIA族，因此可能与氧族元素性质相似。

117 Ts 础 *Tennessine*

新元素

- 原子量：（294）
- 颜色：银白色或灰色
- 熔点：–
- 来源：人工核反应（人工放射性元素）

- 形态：–
- 密度：–
- 沸点：–

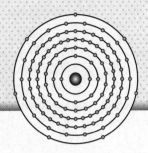

⚛ 近年发现的元素

2009年，俄罗斯杜布纳联合核研究所使用钙轰击锫成功发现第117号元素。

础元素的性质如何？

础元素属于ⅦA族元素，位于砹之下，因此可能与卤族元素性质相似。作为新发现的元素，对础的相关研究及其进展备受期待。

118 Og 鿫 *Oganesson*

■原子量：（294）　　■形态：-
■颜色：-　　　　　　■密度：-
■熔点：-　　　　　　■沸点：-

新元素　■来源：人工核反应（人工放射性元素）

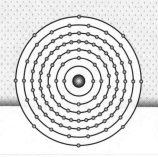

 已知元素中原子序数和原子量最大的元素

2002年，俄罗斯杜布纳联合核子研究所使用钙轰击锎发现了第118号元素，2015年12月30日，国际纯粹与应用化学联合会宣布，确认发现第118号元素。

鿫元素的性质如何？

鿫元素属于0族元素，因此可能与稀有气体元素性质相似。此外，它容易发生化学反应，或许在稀有气体元素中属于容易生成稳定化合物的元素。

"Unun"
是什么意思?

对于新发现的元素,需要经过反复检验才能得到公认。因此,在得到公认之前,可能要花上数十年的检验时间。其间,会给这样的元素一个暂时的代称。"Unun"就是代称的前缀。

代称也是有一定规律的,即将原子序数用拉丁语表示。例如第113号元素,在未得到公认前,就是将113拆分成1、1、3,然后将每个数字用拉丁语表示:1是"un",3是"tri",113就是"ununtri",最后在其后面加上表示"元素"的后缀"ium",就变成了"Ununtrium"。这样,就形成了元素的代称。

拉丁语数字记法

数字	拉丁语记法	数字	拉丁语记法
1	un	6	hex
2	bi	7	sept
3	tri	8	oct
4	quad	9	enn
5	pent	0	nil

元素知识
小 测 试

4 第 7 周期元素

Q1

居里夫妇穷尽一生研究的位于第7周期的放射性元素是什么?

① 铀　② 钋　③ 镭　④ 氡

Q2

曾被用于制造煤气灯的白热纱罩,现被用于电弧焊的一种锕系元素是什么?

① 锕　② 铀　③ 镎　④ 钍

Q3

因衰变后会变成锕而被命名为"锕的来源"的元素是什么?

① 镁　② 钪　③ 镤　④ 钌

Q4

很早就为人所知,作为核能开发原料的主角的元素是什么?

① 铀　② 镉　③ 镭　④ 氡

Q5

原子序数排在镎之后的元素被称为什么?

① 超镧系元素　② 超铀元素
③ 超锕系元素　④ 超钚元素

Q6

对钚进行再处理,制造的用于快中子增殖反应堆的燃料叫什么?

① TAX燃料　② BOX燃料
③ WAX燃料　④ MOX燃料

Q7 利用自发核裂变性质，用于非破坏性检查及机场行李安全检查等的元素是什么？

① 锎　② 锫　③ 锎　④ 锘

Q8 在太平洋氢弹爆炸试验中与锿一同被发现的、元素名称取自著名理论物理学家的元素是什么？

① 铜　② 锘　③ 镄　④ 镄

Q9 元素名称取自元素周期表发明者的元素是什么？

① 钔　② 锘　③ 铲　④ 轮

Q10 元素名称取自苏联一家研究所名称的元素是什么？

① 镖　② 钍　③ 镂　④ 钛

☞答案见第234页。

118 种元素知识总结小测试

Q1 与氧一起作为燃料电池的燃料的元素是什么?

① 氦　② 氮　③ 氢　④ 氩

Q2 与钻石一样都是碳的同素异形体,用于制造铅笔芯的是什么?

① 石墨　　② 碳纳米管
③ 富勒烯　④ 纳米技术

Q3 来自大气,可抵御阳光中紫外线的一种氧的同位素是什么?

① 卤代烷　② 臭氧
③ 氟利昂　④ 甲烷

Q4 能起到调节体内渗透压的一种必需元素是什么?

① 钾　② 氯　③ 钠　④ 镁

Q5 作为一种必需元素,镁在人体中能起什么作用?

① 调节血糖　　② 帮助神经传导
③ 抗衰老　　　④ 帮助合成蛋白质

Q6 地壳中存在最多的金属元素是什么?

① 铁　② 镁　③ 钠　④ 铝

Q7 下列哪种元素可能是从数千年前的陨石中提取的?

① 钴　② 铁　③ 锡　④ 铜

Q8 与镓一样，被广泛用于制造半导体和发光二极管，还被用于制造治疗白血病的药物的元素是什么?

① 砷　② 溴　③ 硒　④ 氪

Q9 胶片的感光剂中含有成为"Bromide"一词的语源的元素是什么?

① 氮　② 硼　③ 溴　④ 砷

Q10 用铌和钛、锡等的合金制成的超导磁体被应用于下列哪个设施?

① X光机　　　② 核反应堆
③ 火灾报警器　④ MRI设备

Q11 发现于1937年的世界上第一个人造元素是什么?

① 钚　② 锝　③ 铜　④ 锫

Q12 净化汽车尾气的三元催化器、测量高温的热电偶等用到的贵金属元素是什么?

① 碲　② 钯　③ 铑　④ 铟

Q13 锡铜合金被称为什么?

① 青铜　② 黄铜
③ 马口铁　④ 白铁皮

Q14 下列哪种半金属过去与铅制成合金用于制造活字,现在则被用于制造汽车用的铅蓄电池?

① 锑　② 氙　③ 碲　④ 硅

Q15 下列哪种卤族元素可被用于制造含漱液,并且在福岛县第一核电站事故中,它的放射性同位素大量泄漏还带来了公共安全问题?

① 铯　② 碘　③ 锶　④ 氡

Q16 不同温度下会在有磁性和无磁性之间转换,可用于制造光存储器的元素是什么?

① 钐　② 铕　③ 钷　④ 铽

Q17 现在被广泛用于制造夜光涂料的镧系元素是什么?

① 钕　② 铥　③ 镝　④ 钬

Q18 最后发现的天然元素是什么?

① 镎　② 钫　③ 镭　④ 钚

Q19 美国等国用于制造烟雾感应器的放射性元素是什么?

① 钋　② 镅　③ 镭　④ 锿

Q20 第一个得到公认的由日本发现的是什么元素?

① 你　② 氪　③ 镆　④ 钽

答案见第234页。

小测试答案

元素知识小测试1：第1周期、第2周期元素

Q1 ③；Q2 ④；Q3 ①；Q4 ②；Q5 ④；

Q6 ③；Q7 ②；Q8 ③；Q9 ①；Q10 ④

元素知识小测试2：第3周期、第4周期元素

Q1 ②；Q2 ①；Q3 ④；Q4 ①；Q5 ③；

Q6 ④；Q7 ④；Q8 ②；Q9 ③；Q10 ①；

Q11 ②；Q12 ③；Q13 ④；Q14 ③；Q15 ①；

Q16 ②；Q17 ③；Q18 ①；Q19 ④；Q20 ③

元素知识小测试3：第5周期、第6周期元素

Q1 ③；Q2 ②；Q3 ④；Q4 ①；Q5 ④；

Q6 ①；Q7 ③；Q8 ④；Q9 ②；Q10 ①；

Q11 ②；Q12 ④；Q13 ③；Q14 ②；Q15 ④；

Q16 ①；Q17 ③；Q18 ③；Q19 ②；Q20 ①

元素知识小测试4：第7周期元素

Q1 ③；Q2 ④；Q3 ①；Q4 ①；Q5 ②；
Q6 ④；Q7 ③；Q8 ③；Q9 ①；Q10 ②

118种元素知识总结小测试

Q1 ③；Q2 ①；Q3 ②；Q4 ③；Q5 ④；
Q6 ④；Q7 ②；Q8 ①；Q9 ③；Q10 ④；
Q11 ②；Q12 ③；Q13 ①；Q14 ①；Q15 ②；
Q16 ④；Q17 ③；Q18 ②；Q19 ③；Q20 ①

图书在版编目（CIP）数据

图解化学元素周期表 / 日本 PHP 研究所编；李卉译 .
北京：北京时代华文书局，2024.9.（2025.2 重印）-- ISBN 978-7-5699-5656-6

Ⅰ . O6-64

中国国家版本馆 CIP 数据核字第 2024R9U428 号

北京市版权局著作权合同登记号 图字：01-2022-5103 号

TUJIE HUAXUE YUANSU ZHOUQIBIAO

出 版 人：陈　涛
责任编辑：余荣才
责任校对：陈冬梅
装帧设计：孙丽莉　赵芝英
责任印制：刘　银

出版发行：北京时代华文书局 http://www.bjsdsj.com.cn
　　　　　北京市东城区安定门外大街 138 号皇城国际大厦 A 座 8 层
　　　　　邮编：100011　电话：010-64263661　64261528
印　　刷：三河市兴博印务有限公司
开　　本：710 mm×1000 mm　1/16　　成品尺寸：170 mm×240 mm
印　　张：15.5　　　　　　　　　　字　　数：183 千字
版　　次：2024 年 9 月第 1 版　　　印　　次：2025 年 2 月第 2 次印刷
定　　价：48.00 元